Diese Mitteilungen setzen eine von Erich Regener begründete Reihe fort, deren Hefte am Ende dieser Arbeit genannt sind.

Bis Heft 19 wurden die Mitteilungen herausgegeben von J. Bartels und W. Dieminger. Von Heft 20 an zeichnen W. Dieminger, A. Ehmert und G. Pfotzer als Herausgeber.

Das Max-Planck-Institut für Aeronomie vereinigt zwei Institute, das Institut für Stratosphärenphysik und das Institut für Ionosphärenphysik.

Ein (S) oder (I) beim Titel deutet an, aus welchem Institut die Arbeit stammt.

Anschrift der beiden Institute:

3411 Lindau

ZUM WELTWEITEN AUFTRETEN ERDMAGNETISCHER PULSATIONEN VOM TYP PC 4

von

VOLKER ZÜRN

ISBN 978-3-540-04652-3 ISBN 978-3-642-88739-0 (eBook)
DOI 10.1007/978-3-642-88739-0

Inhaltsverzeichnis

1. **Einleitung** 5

2. **Die Eigenschaften langperiodischer Pulsationen in Göttingen** 6
   - 2.1 Methode der Registrierung und der Auswertung 6
   - 2.2 Die Häufigkeit der pc 4-Pulsationen in Abhängigkeit von der Periode 6
   - 2.3 Die Amplitude in Abhängigkeit von der Periode 8
   - 2.4 Tagesgänge 9

3. **Untersuchung des weltweiten Auftretens erdmagnetischer pc 4-Pulsationen** 10
   - 3.1 Das Beobachtungsmaterial 10
   - 3.2 Beispiele und Einzelergebnisse 13
   - 3.3 Statistische Untersuchung 17
       - 3.31 Methode des Auswertens 17
       - 3.32 Die Häufigkeit der Pulsationen 17
       - 3.33 Zum Auftreten der Pulsationen auf der Tagseite der Erde 19
       - 3.34 Der Zusammenhang zwischen der H- und der D-Komponente 20
           - 3.341 Abhängigkeit des Amplitudenverhältnisses D/H von der geomagnetischen Breite 20
           - 3.342 Tagesgang des Amplitudenverhältnisses D/H 22
   - 3.4 Vergleich mit den Ergebnissen anderer Autoren und Zusammenfassung der Auswertung . 23

4. **Deutung der Beobachtungsergebnisse** 24
   - 4.1 Vorliegende Theorien und ihre Anwendbarkeit 24
   - 4.2 Die Herkunft der pc 4-Pulsationen 25
       - 4.21 Aufbau der hohen Atmosphäre 25
       - 4.22 Der Plasmatrog als Ursprungsort der pc 4-Pulsationen 25
       - 4.23 Beschreibung des Modells 26
       - 4.24 Ergebnisse der Rechnung und Vergleich mit den Beobachtungsergebnissen 29

5. **Zusammenfassung** 32

   Summary 33

   Anhang 34
   - A 1. Aufstellung der Gleichungen für hydromagnetische Schwingungen 34
   - A 2. Berechnung der Näherungslösung 36
   - A 3. Berechnung der Dichte im Plasmatrog 41
   - A 4. Berechnung des Magnetfeldes 43

   Literaturverzeichnis 45

1. Einleitung

Messungen haben gezeigt, daß die hohe Atmosphäre von rund 1 000 km Höhe ab aus hochionisiertem Plasma besteht und daß ihre Eigenschaften wesentlich durch das erdmagnetische Feld bestimmt werden. Man bezeichnet deshalb die ionisierte Komponente der hohen Atmosphäre oberhalb der Ionosphäre als Magnetosphäre. Zur Untersuchung ihrer physikalischen Eigenschaften können unter anderem auch erdmagnetische Pulsationen herangezogen werden. Das sind auffallend regelmäßige Schwankungen des erdmagnetischen Feldes im Periodenbereich von Sekunden bis zu einigen Minuten. Sie haben Amplituden von der Größenordnung ein Gamma (γ) ($1\gamma = 10^{-5}$ Gauß).

Eine Nomenklatur aus dem Jahre 1963 unterteilt die Pulsationen nach ihrem Erscheinungsbild in regelmäßige pc's (continuous pulsations) und weniger regelmäßige pi's (irregular pulsations). Weiter werden diese Typen nach ihrer Periode unterschieden [JACOBS et al. 1964]. Über diese Klassifikation unterrichtet die folgende Tabelle. Dort sind auch Bezeichnungen für einige schon länger bekannte Pulsationstypen angegeben, die ihrer Periode nach zum Teil in die betreffende Klasse fallen.

Periode der Pulsationen (Sekunden)	Typ	andere Bezeichnung
0,2 - 5	pc 1	pp (pearl pulsations)
5 - 10	pc 2	
10 - 45	pc 3	pc (continuous pulsations)
45 - 150	pc 4	
150 - 600	pc 5	pg (giant pulsations)
1 - 40	pi 1	
40 - 150	pi 2	pt (pulsation trains)

In mittleren Breiten beherrschen tagsüber kontinuierliche Pulsationen von etwa 30 Sekunden Periode das Bild der Registrierungen (pc 3-Pulsationen). Die Untersuchung und Deutung dieser Pulsationen lieferte bereits interessante Hinweise auf die Eigenschaften der Magnetosphäre [VOELKER 1963, SIEBERT 1964, 1965]. Nachts treten vorwiegend einzelne Wellenzüge mit Perioden zwischen etwa 40 und 150 Sekunden auf (pi 2-Pulsationen).

1964 wurde in Göttingen mit einer gesonderten Untersuchung langperiodischer Pulsationen mit Perioden zwischen 50 und 900 Sekunden begonnen. Sie ergab, daß auch tagsüber im Periodenbereich um 60 Sekunden häufig Pulsationen auftreten [ZÜRN 1966]. Solche Pulsationen, die als pc 4-Pulsationen zu bezeichnen sind, sollen im folgenden untersucht werden mit dem Ziel, zu einer Deutung ihrer Herkunft zu kommen.

An Hand der Registrierungen von 14 über die Erde verteilten Stationen werden Beispiele erdmagnetischer pc 4-Pulsationen betrachtet. Die Eigenschaften dieser Pulsationen werden statistisch untersucht. Dabei wird die Häufung der pc 4-Pulsationen im Periodenbereich um eine Minute festgestellt. Weiter wird der Zusammenhang zwischen der D- und der H-Komponente der Pulsationen untersucht. Gefunden wird eine systematische Abhängigkeit des Amplitudenverhältnisses der D- zur H-Komponente von der geomagnetischen Breite.

Zur Deutung der Eigenschaften der pc 4-Pulsationen wird ein einfaches Modell der Magnetosphäre durchgerechnet. Für den Plasmatrog der Magnetosphäre ergeben sich Aussagen über die Plasmadichte, die mit anderen Messungen gut übereinstimmen. Eine Berechnung des Magnetfeldes gestattet es, weitere Eigenschaften der pc 4-Pulsationen zu verstehen.

2. Die Eigenschaften langperiodischer Pulsationen in Göttingen

2.1 Methode der Registrierung und der Auswertung

Tagsüber treten in Göttingen vorwiegend Pulsationen mit Perioden um 30 Sekunden auf [VOELKER 1963]. Zur Untersuchung von Pulsationen mit längeren Perioden wurde deshalb ein besonderes Registriersystem zusammengestellt, das diese häufigen Pulsationen weitgehend unterdrückt. Verwendet wurde ein Induktionsvariometer nach GRENET [1949]. Ein Magnet ist an einem Torsionsfaden drehbar in einer Spule aufgehängt. Die Achse des Magneten steht senkrecht auf der Komponente des erdmagnetischen Feldes, deren Schwankungen gemessen werden sollen. Außerdem stehen Magnetachse, Drehachse und Spulenachse senkrecht aufeinander. Die bei einer Drehung des Magneten in der Spule induzierte Spannung wird über ein angeschlossenes Spiegelgalvanometer photographisch registriert. Die Amplitudenresonanzkurve des benutzten Systems ist in Abbildung 1 dargestellt. Man sieht, daß die Empfindlichkeit bei Perioden unterhalb von etwa einer Minute abfällt, so daß die vorherrschenden Pulsationen im Bereich von etwa 30 Sekunden Periode in den Magnetogrammen schwächer wiedergegeben werden.

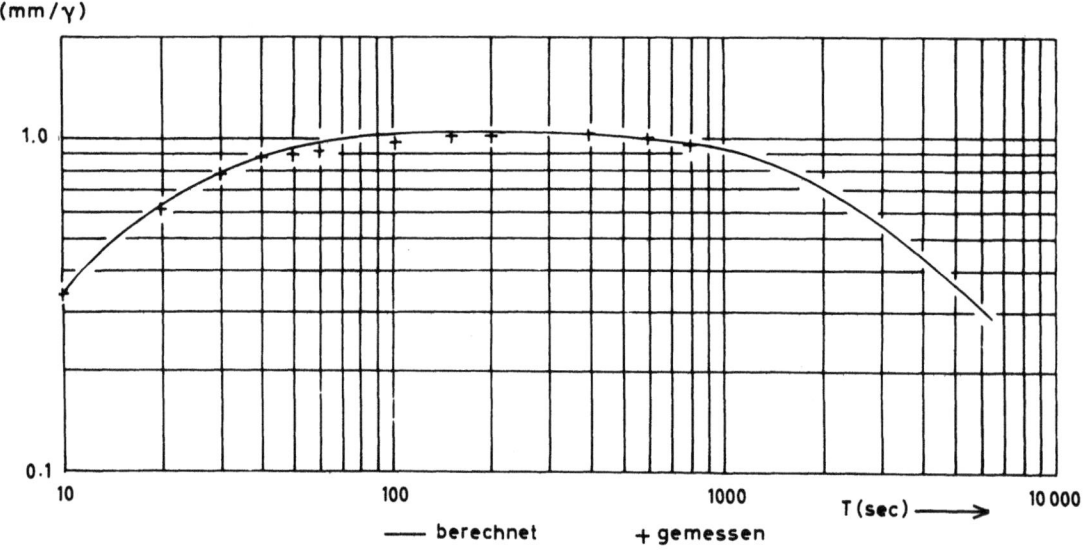

Abb. 1: Amplitudenresonanzkurve des Grenetschen Systems zur Registrierung langperiodischer Pulsationen des erdmagnetischen Feldes.

Von August bis Oktober 1964 wurde mit diesem Variometer die H-Komponente der Pulsationen registriert (Komponente in magnetischer Nord-Süd-Richtung). Ausgewertet wurden Pulsationen mit Perioden zwischen 50 und 200 Sekunden, bei denen mindestens eine Schwingung klar zu erkennen war.

2.2 Die Häufigkeit der pc 4-Pulsationen in Abhängigkeit von der Periode

In Abbildung 2 ist die Häufigkeit der Pulsationen in Abhängigkeit von der Periode aufgetragen. Parameter sind die Tageszeit [1] und der erdmagnetische Unruhegrad, ausgedrückt durch die planetarische Kennziffer Kp [BARTELS 1957]. Die Einzelwerte wurden durch gleitende Mittelbildung über 5 Sekunden und Zusammenfassung von 3-Sekunden-Intervallen gewonnen. Zum Zweck einer besseren Übersicht wur-

---

[1] Für Zeitangaben wird benutzt entweder
UT = universal time = Weltzeit   oder   LT = local time = Ortszeit.
Für Göttingen gilt ungefähr: Weltzeit + 40 Minuten = Ortszeit.

den die Ergebnisse in geeigneter Weise normiert. In Abbildung 2 entspricht die Länge jedes Balkens einer Zahl von Pulsationen, deren Periode innerhalb eines bestimmten 3-Sekunden-Intervalles liegt. Eine solche Zahl von Pulsationen würde durchschnittlich innerhalb von 100 Tagen in einem bestimmten Tagesabschnitt (6 Uhr bis 16 Uhr UT [1]) oder 16 Uhr bis 6 Uhr UT) auftreten, falls 100 Tage lang ein bestimmter erdmagnetischer Unruhegrad andauern würde. Die tageszeitliche Einteilung erfolgte nach dem Gesichtspunkt, daß während der Beobachtungsmonate die Zeit von 6 Uhr bis 16 Uhr UT zwischen Sonnenaufgang und Sonnenuntergang lag.

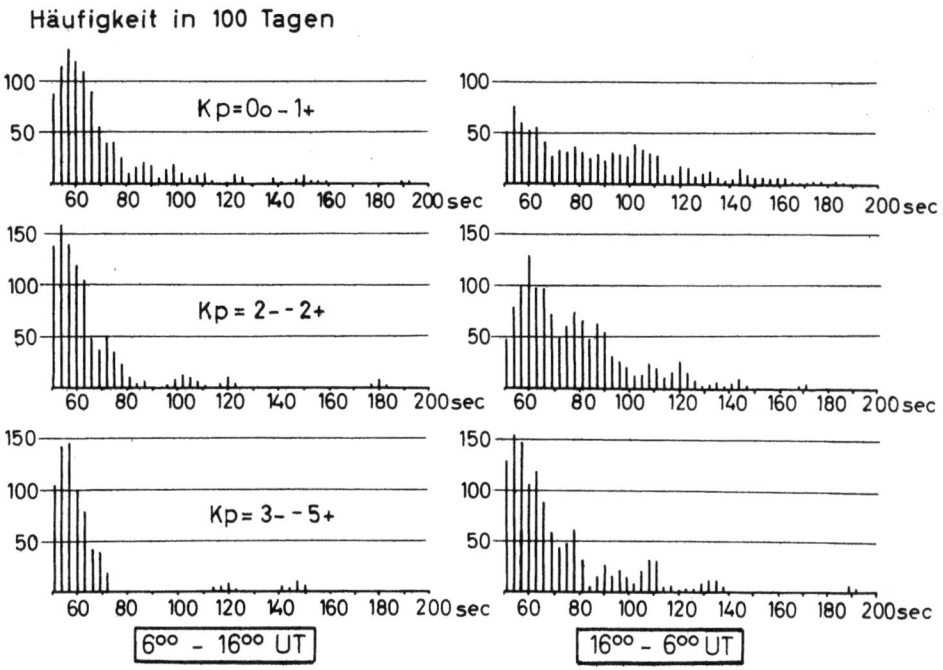

Abb. 2 : Die Häufigkeit erdmagnetischer Pulsationen in Abhängigkeit von der Periode. Parameter sind die Tageszeit und die erdmagnetische Aktivität. UT bedeutet Weltzeit (universal time). Kp ist die planetarische Kennziffer für die erdmagnetische Aktivität [BARTELS 1957].

Aus Abbildung 2 ergibt sich, daß tagsüber von 6 Uhr bis 16 Uhr UT nur solche Pulsationen in nennenswerter Häufigkeit auftreten, deren Periode unterhalb von etwa 80 Sekunden liegt. Die Häufigkeitsverteilung ist wenig abhängig von der erdmagnetischen Unruhe. Bei einer Periode zwischen 54 und 60 Sekunden liegt ein Häufigkeitsmaximum. Es sei jedoch das relativ seltene Auftreten der untersuchten Pulsationen gegenüber den tagsüber vorherrschenden pc 3-Pulsationen hervorgehoben. Bei Fortsetzung der linken Hälfte von Abbildung 2 zu kürzeren Perioden hin würde dementsprechend bei Perioden um 30 Sekunden ein 1 bis 2 Zehnerpotenzen höheres Maximum auftreten. Die rechte Hälfte von Abbildung 2 zeigt, daß nachts Pulsationen mit Perioden bis etwa 150 Sekunden auftreten. Das sind die schon länger bekannten pi 2-Pulsationen (pt's) [siehe z.B. ANGENHEISTER 1954]. Dagegen treten Pulsationen mit noch längeren Perioden sehr selten auf.

---

[1] siehe Fußnote S. 6

2.3 Die Amplitude in Abhängigkeit von der Periode

In Abbildung 3 ist die durchschnittliche Doppelamplitude der H-Komponente der untersuchten Pulsationen dargestellt. Dabei wurden die während des ganzen Tages aufgetretenen Pulsationen verwendet, also auch die nachts aufgetretenen pi 2-Pulsationen. Parameter ist der erdmagnetische Unruhegrad. Die in Abbildung 3 aufgetragenen Werte sind gewonnen, indem innerhalb der jeweiligen Klasse das arithmetische Mittel gebildet wurde. Da in allen Klassen sowohl Pulsationen großer wie auch kleiner Amplitude auftraten, ist der mittlere Fehler durchweg in der Größenordnung von $\pm 0,5\gamma$. Der linke Teil der Abbildung 3 beruht auf den Registrierungen mit dem Grenetschen Variometer. Der rechte Teil ist aus Registrierungen mit einem normalen Variometer gewonnen, das aber große Empfindlichkeit und schnellen Vorschub besaß [ZÜRN 1966]. Da der rechte Teil Pulsationen mit sehr langer Periode betrifft, wird er hier nicht weiter betrachtet.

In Abbildung 3 fällt auf, daß die Amplitude für Pulsationen mit einer Periode zwischen 50 und 70 Sekunden systematisch mit wachsender erdmagnetischer Unruhe zunimmt. Parallel zur Abnahme der Häufigkeit der Pulsationen im Periodenbereich zwischen 60 und 70 Sekunden ist andeutungsweise auch eine Abnahme der durchschnittlichen Amplitude feststellbar. Nur für magnetisch extrem ruhige Zeiten (mit Kp = 0) deutet sich eine Zunahme der durchschnittlichen Amplitude der Pulsationen mit wachsender Periode an.

Man kann eindeutig sagen, daß sich unter den langperiodischen Pulsationen solche auszeichnen, deren Periode etwa eine Minute beträgt. Sie sind relativ häufig und ihre Amplituden werden bei wachsender erdmagnetischer Unruhe systematisch größer.

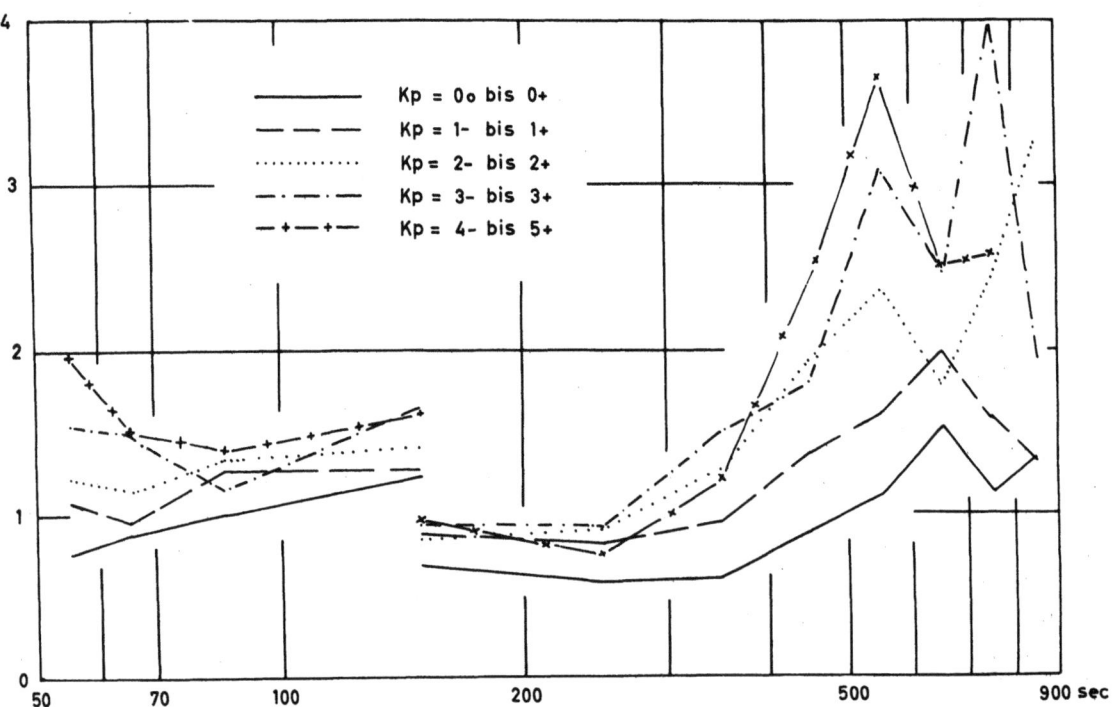

Abb. 3: Die durchschnittliche Doppelamplitude erdmagnetischer Pulsationen in Abhängigkeit von der Periode und der erdmagnetischen Unruhe. Der linke Teil beruht auf den Registrierungen mit dem Grenetschen Variometer, der rechte Teil auf Registrierungen mit einem normalen Variometer, das große Empfindlichkeit und schnellen Vorschub besaß.

2.4 Tagesgänge

In Abbildung 4 ist oben die Häufigkeit der Pulsationen, deren Periode 50 bis 70 Sekunden beträgt, in Abhängigkeit von der Tageszeit dargestellt. Aufgezeichnet sind 2-Stunden-Werte, normiert auf 50 Tage Beobachtungsdauer. Parameter ist die erdmagnetische Aktivität. Durch Pfeile auf der Abszisse sind die Zeiträume von Sonnenaufgang und Sonnenuntergang in der Beobachtungszeit markiert. Es ist deutlich zu erkennen, daß Pulsationen im Periodenbereich um eine Minute vorwiegend tagsüber auftreten. Bei wachsender erdmagnetischer Unruhe treten aber auch am späten Abend zunehmend Pulsationen in diesem Periodenbereich auf.

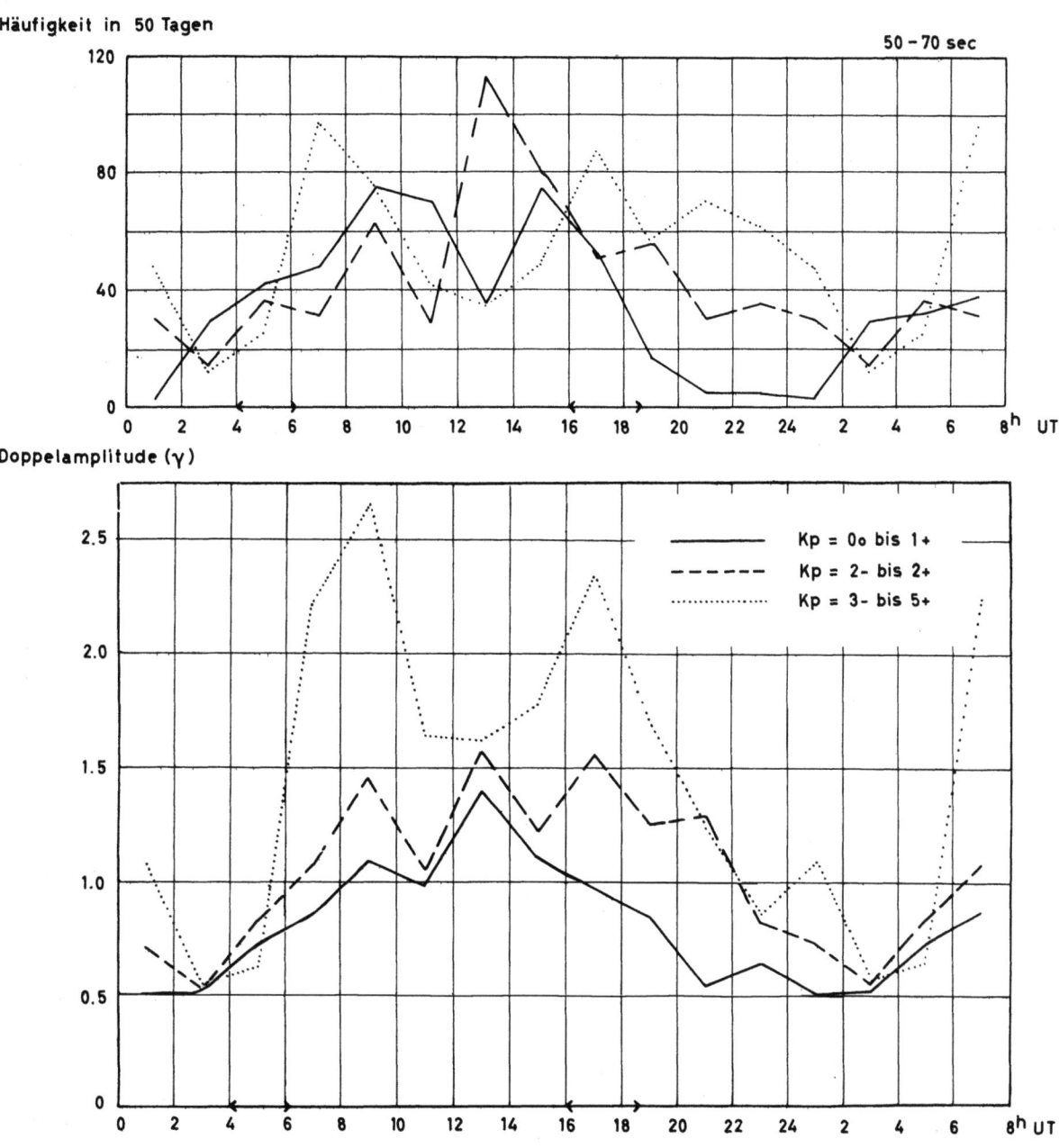

Abb. 4: Die Häufigkeit und die durchschnittliche Doppelamplitude erdmagnetischer Pulsationen im Periodenbereich von 50 bis 70 Sekunden in Abhängigkeit von der Tageszeit und der erdmagnetischen Unruhe. Durch Pfeile auf der Abszisse sind die Zeiträume von Sonnenaufgang und Sonnenuntergang in der Beobachtungszeit markiert. UT bedeutet Weltzeit (universal time). Kp ist die planetarische Kennziffer für die erdmagnetische Aktivität.

In Abbildung 4 ist unten der Tagesgang der Doppelamplitude für Pulsationen im Periodenbereich von 50 bis 70 Sekunden dargestellt. Aufgetragen sind 2-Stunden-Mittelwerte mit der erdmagnetischen Aktivität als Parameter. Auf der Abszisse sind wieder die Zeiträume von Sonnenaufgang und von Sonnenuntergang in der Beobachtungszeit markiert. Man sieht, daß die Pulsationen im Periodenbereich um eine Minute tagsüber verhältnismäßig große Amplituden aufweisen, die mit zunehmender erdmagnetischer Unruhe systematisch größer werden.

Zusammenfassend kann also folgende Feststellung getroffen werden: Tagsüber tritt in Göttingen im Periodenbereich um eine Minute ein besonderer Pulsationstyp auf. Diese Pulsationen zeichnen sich durch relativ große Häufigkeit und durch eine verhältnismäßig große Amplitude aus.

3. Untersuchung des weltweiten Auftretens erdmagnetischer pc 4-Pulsationen

3.1 Das Beobachtungsmaterial

Es soll nun das weltweite Auftreten der erdmagnetischen Pulsationen, die sich im Periodenbereich um eine Minute häufen, untersucht werden. Die folgenden Untersuchungen stützen sich auf Registrierungen der beiden Monate September und Dezember 1964. Diese Zeit lag im Sonnenfleckenminimum und war erdmagnetisch sehr ruhig.

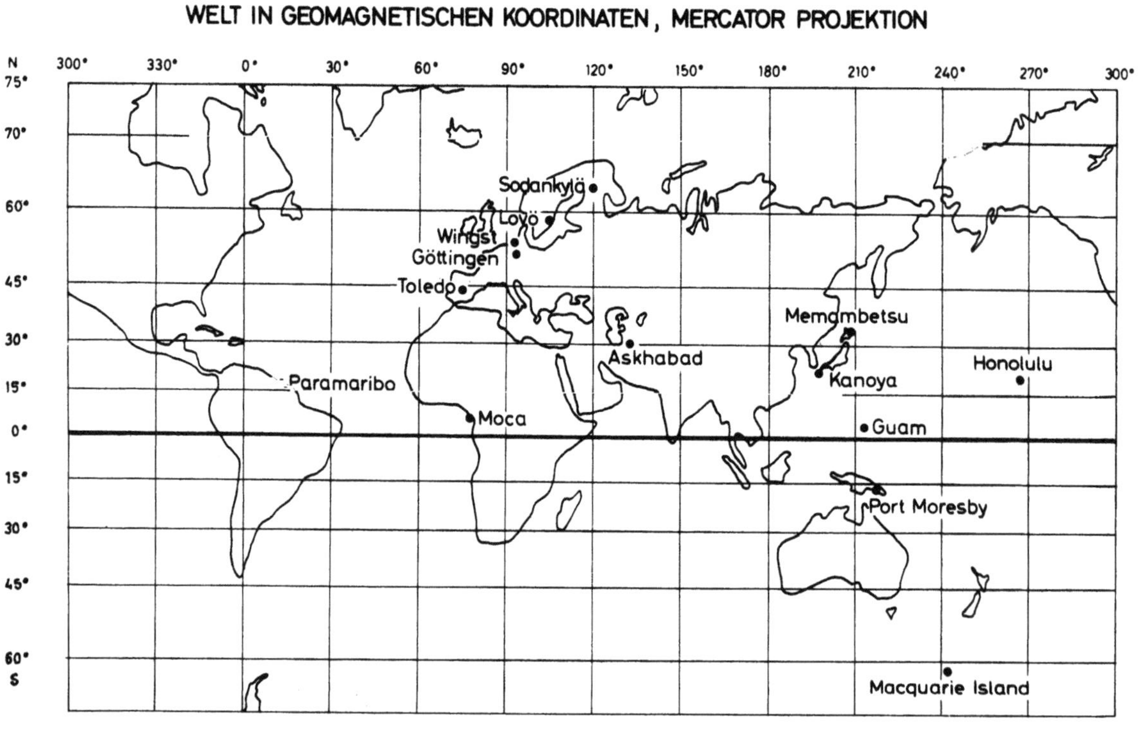

WELT IN GEOMAGNETISCHEN KOORDINATEN, MERCATOR PROJEKTION

Abb. 5: Die benutzten geomagnetischen Stationen. Die genauen geographischen und geomagnetischen Koordinaten sind in Tabelle 1 angegeben, desgleichen die weiterhin verwendeten Symbole für die einzelnen Stationen.

Zur Verfügung standen die Original-Magnetogramme der Pulsationsregistrierungen von Wingst und Göttingen. Auf Mikrofilm waren Kopien der Magnetogramme von weiteren 12 Stationen vorhanden. In die Weltkarte der Abbildung 5 ist die Lage dieser 14 Stationen eingezeichnet. Die genauen geographischen und geomagnetischen Koordinaten für die Stationen sind in Tabelle 1 aufgeführt, desgleichen die weiterhin verwendeten Symbole für die einzelnen Stationen. Die Reihenfolge der Stationen in Tabelle 1 entspricht der Anordnung der Registrierungen in den Beispielen, die im Abschnitt 3.2 betrachtet werden. Die weiteren aufgeführten Daten werden im folgenden noch erläutert.

Tabelle 1

Einige Daten für die 14 Stationen

Station	Symbol	geographische Breite	geographische Länge	geomagnetische Breite	geomagnetische Länge	Vorschub mm/min	Empfindlichkeit[2] H mm/γ	Empfindlichkeit[2] D mm/γ	lokaler Mittag UT
Macquarie Island	MI[1]	54°30'S	158°57'E	-61,1°	243,1°	3	0,37	0,40	1^{24}
Memambetsu	Mm	43°55'N	144°12'E	+34,0°	208,4°	12	0,69[3]	0,75[3]	2^{23}
Kanoya	Ky	31°25'N	130°53'E	+20,5°	198,1°	12	0,94[3]	0,94[3]	3^{16}
Port Moresby	PM	9°24'S	147°09'E	-18,6°	217,9°	3	1,66	4,75	2^{11}
Guam	Gu	13°27'N	144°45'E	+ 4,0°	212,9°	4	0,94	0,29	2^{21}
Honolulu	Ho	21°18'N	201°54'E	+21,1°	266,5°	4	0,51	0,37	22^{32}
Sodankylä	So[1]	67°22'N	26°39'E	+63,8°	120,0°	3	0,40	0,49	10^{13}
Lovö	Lo	59°21'N	17°50'E	+58,1°	105,8°	3	1,00	0,76	10^{49}
Wingst	Wn	53°45'N	9°04'E	+54,6°	94,1°	6	2,40[3]	2,18[3]	11^{24}
Göttingen	Gt	51°32'N	9°58'E	+52,3°	93,7°	6	2,86[3]	2,45[3]	11^{20}
Toledo	Tl	39°53'N	4°03'W	+43,6°	75,7°	3	1,33	0,28	12^{16}
Moca	Mc	3°21'N	8°40'E	+ 5,7°	78,6°	3	2,50	-	11^{25}
Paramaribo	Pa	5°49'N	55°13'W	+17,0°	14,3°	3	1,90	0,77	15^{41}
Askhabad	Ak	37°57'N	58°06'E	+30,5°	133,1°	1,5	4,95	3,80	8^{08}

[1]) Die 5 Stationen MI, Mm, Ky, PM und Gu werden unter der Bezeichnung "Pazifik-Stationen", die 6 Stationen So, Lo, Wn, Gt, Tl und Mc unter der Bezeichnung "Europa-Stationen" zusammengefaßt.
[2]) Die Empfindlichkeiten sind auf einen einheitlichen Vorschub von 6 mm/min umgerechnet.
[3]) Diese Empfindlichkeiten gelten für eine Periode von 60 Sekunden.

Aus der Verteilung der Stationen über die Erde lassen sich im wesentlichen zwei Gruppen bilden, die jeweils ungefähr die gleiche geographische Länge aufweisen. Das ist einmal die Gruppe der 5 Stationen (von Norden nach Süden) Mm, Ky, Gu, PM und MI, zum anderen die Gruppe der 6 Stationen So, Lo, Wn, Gt, Tl und Mc. Für die folgenden Untersuchungen wird die erste Gruppe unter der Bezeichnung "Pazifik" (also Pazifik-Gruppe oder Pazifik-Stationen usw.) zusammengefaßt, weil die Stationen dieser Gruppe sich längs der Westseite des Pazifiks anordnen. Die zweite Gruppe wird unter der Bezeichnung "Europa" zusammengefaßt, weil die Stationen bis auf Mc in Europa liegen. Zwischen diesen beiden Gruppen liegen die 3 Stationen Pa, Ak und Ho.

Zwischen der Pazifik- und der Europa-Gruppe besteht ein Ortszeitunterschied von rund 9 Stunden. Die genauen Ortszeiten für alle Stationen lassen sich aus den in Tabelle 1 angegebenen geographischen Längen berechnen. Angegeben ist dort schon zur besseren Übersicht der jeweilige lokale Mittag nach Weltzeit.

An den Stationen Ky und Mm wird die geographische Nord-Süd-Komponente X und die geographische Ost-West-Komponente Y der Pulsationen registriert, hingegen an allen anderen Stationen die geomagnetische Nord-Süd-Komponente H und die geomagnetische Ost-West-Komponente D. Die Abweichung der geomagnetischen Nordrichtung von der geographischen beträgt für Ky etwa 5° und für Mm etwa 8°. Die X-

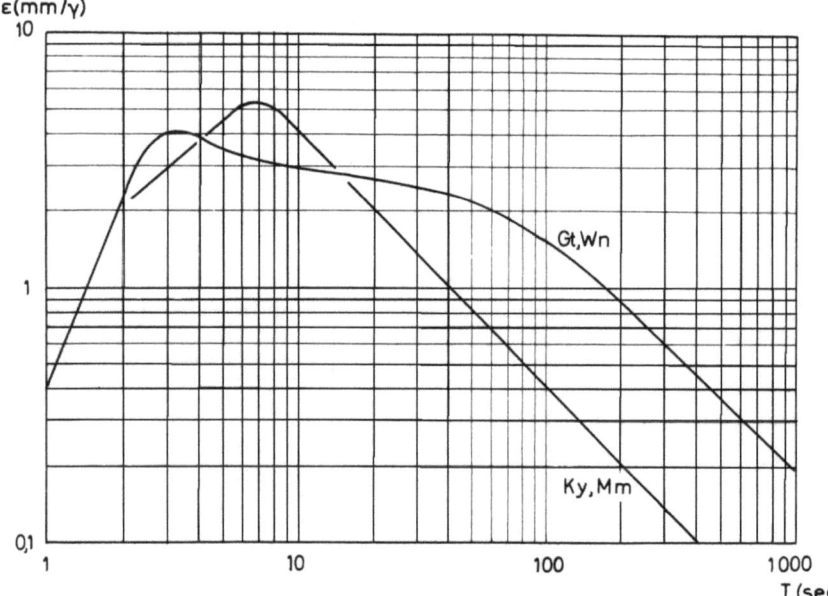

Abb. 6:
Die Amplitudenresonanzkurven für die Induktionsregistrierungen von Göttingen, Wingst, Kanoya und Memambetsu. Man beachte, daß Pulsationen im Periodenbereich um 60 Sekunden in den Magnetogrammen schwächer wiedergegeben werden als solche mit kürzeren Perioden. Das gilt besonders für die Stationen Kanoya und Memambetsu.

Komponente entspricht deshalb an diesen Stationen im wesentlichen der H-Komponente und die Y- der D-Komponente. An der Station Mc wurde nur die H-Komponente registriert. Die an vielen Stationen ebenfalls registrierte Vertikalkomponente Z bleibt außer Betracht, da sie von den Untergrundsverhältnissen an den einzelnen Stationen zu sehr beeinflußt wird [siehe z.B. STEVELING 1966].

Bei den Registrierungen der Stationen Ky, Mm, Gt und Wn handelt es sich um Induktionsregistrierungen. In Gt und Wn werden Variometer nach Grenet verwendet, deren Prinzip bereits im Abschnitt 2.1 erläutert wurde. In einer Spule ist ein Magnet an einem Torsionsfaden aufgehängt, der sich bei einer Änderung des Magnetfeldes dreht und dabei in der Spule eine Spannung induziert. In Ky und Mm hingegen wird die bei einer Änderung des Magnetfeldes in einer Spule unmittelbar induzierte Spannung zur Registrierung der Pulsationen verwendet. Der Verlauf der Amplitudenresonanzkurven ist in Abbildung 6 dargestellt. Der genaue Verlauf für jede einzelne Komponente entspricht den in Abbildung 6 dargestellten Kurven bis auf einen konstanten Faktor. In der doppelt-logarithmischen Darstellung bedeutet das eine Verschiebung parallel zur Ordinate. Die genaue Lage der jeweiligen Amplitudenresonanzkurve kann deshalb aus Tabelle 1 bestimmt werden, in der die Empfindlichkeit für jede Komponente für eine Periode von 60 Sekunden angegeben ist. In Abbildung 6 fällt besonders auf, daß die Empfindlichkeit für Pulsationen mit Perioden um 60 Sekunden kleiner ist als für solche mit kürzeren Perioden. Deshalb treten in den verwendeten Induktionsmagnetogrammen Pulsationen mit kürzeren Perioden stärker hervor. Das gilt besonders für die japanischen Stationen Ky und Mm.

Die Registrierungen der anderen Stationen sind Schnellaufregistrierungen, die im Vergleich zu einer normalen Hauptregistrierung lediglich eine größere Empfindlichkeit und einen schnelleren Vorschub besitzen. Bei einer Schnellaufregistrierung ist die Empfindlichkeit unabhängig von der Periode, sie ist jedoch unterschiedlich an den einzelnen Stationen. Der genaue Wert der Empfindlichkeit für jede Station ist in Tabelle 1 angegeben und ebenfalls die Größe des Vorschubs. Um Vergleiche zu ermöglichen, sind die Empfindlichkeiten auf gleichen Vorschub umgerechnet worden, also auf einen einheitlichen Zeitmaßstab. Wie man sieht, unterscheiden sich die Werte für den Vorschub und die Empfindlichkeiten an den verschiedenen Stationen zum Teil erheblich. Diese Tatsache ist bei den folgenden Untersuchungen zu beachten.

Hinzuweisen ist ferner darauf, daß bei den Induktionsregistrierungen erhebliche Phasenverschiebungen auftreten, die von der Periode abhängig sind. Unmittelbar darf die Phase deshalb nur bei gleichartigen Induktionsregistrierungen oder bei den Schnellaufregistrierungen verglichen werden. Wegen der geringen zeitlichen Auflösung sind aber nur sehr grobe Phasenvergleiche möglich.

3.2 Beispiele und Einzelergebnisse

Zunächst soll das weltweite Auftreten der Pulsationen an Hand einiger Beispiele erläutert werden. Dazu wurden die Magnetogramme auf einen einheitlichen Zeitmaßstab umgezeichnet. In den Beispielen ist auf der rechten Seite jeweils ein Amplitudenmaßstab für 3γ angezeichnet, der bei den Induktionsregistrierungen von Ky, Mm, Wn und Gt für Pulsationen mit einer Periode von 60 Sekunden gilt.

Die Reihenfolge der Registrierstationen in den Beispielen ist die gleiche wie in Tabelle 1 (siehe Seite 11). Auf Tabelle 1 sei auch nochmals zur Bestimmung der jeweiligen Ortszeit für die Stationen hingewiesen, da in den Beispielen Weltzeit angegeben ist. Die Reihenfolge der Stationen ist folgende: Von oben nach unten kommen zunächst die Pazifik-Stationen, geordnet nach abnehmender geomagnetischer Breite. MI und PM liegen auf der Südhalbkugel der Erde, hingegen alle anderen Stationen auf der Nordhalbkugel. Die Pazifik-Stationen sind über einen Breitenbereich von mehr als 90° verteilt. Auf die Pazifik-Stationen folgt Honolulu, das rund 50° weiter östlich liegt. Dann kommen die Europa-Stationen, wieder geordnet nach abnehmender geomagnetischer Breite. Sie überstreichen einen Breitenbereich von rund 60°. Dann ist die in Südamerika liegende Station Pa und ganz unten schließlich Ak aufgeführt, das etwas östlich von den Europa-Stationen liegt.

Ak tritt nur in 2 Beispielen auf, da die Magnetogramme in der Registrierzeit der anderen Beispiele unleserlich waren. Das liegt vor allem am geringen Vorschub von nur 1,5 mm/min für Ak. Auch die sonst fehlenden Magnetogramme bedeuten, daß entweder die Registrierung ausgefallen oder das betreffende Magnetogramm unleserlich war.

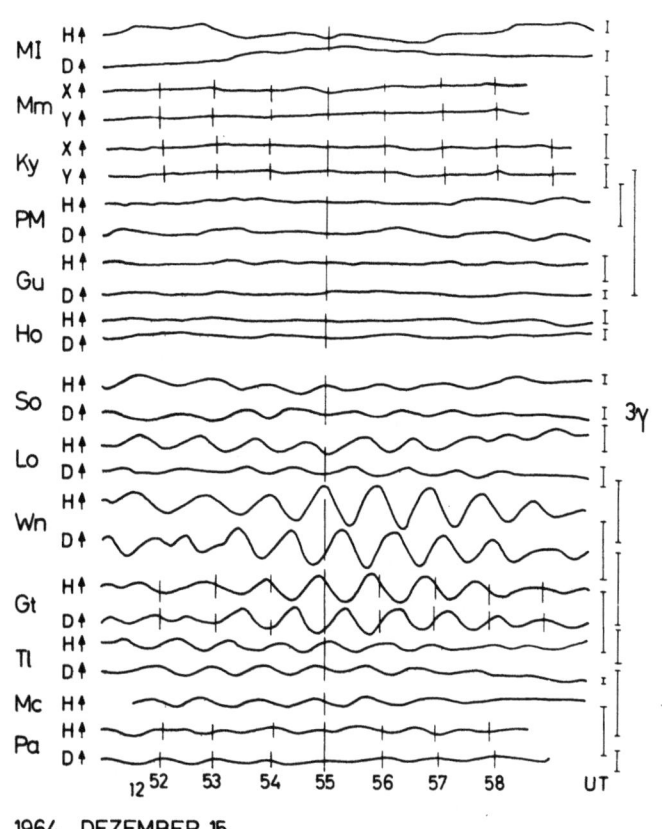

Abb. 7: Registrierbeispiel erdmagnetischer pc 4-Pulsationen. Rechts sind die Empfindlichkeiten angegeben. UT bedeutet Weltzeit (universal time).
Stationssymbole: MI-Macquarie Island, Mm-Memambetsu, Ky-Kanoya, PM-Port Moresby, Gu-Guam, Ho-Honolulu, So-Sodankylä, Lo-Lovö, Wn-Wingst, Gt-Göttingen, Tl-Toledo, Mc-Moca, Pa-Paramaribo.

In Abbildung 7 ist ein Beispiel vom 15. Dezember 1964 dargestellt. Gegen 13 Uhr UT traten an den Europa-Stationen Pulsationen mit einer Periode von 57 Sekunden auf. Man sieht, daß über einen Breitenbereich von rund 60° keine Abhängigkeit der Periode von der geomagnetischen Breite feststellbar ist, von 6° nördlicher magnetischer Breite (Mc) bis zu 64° (So). Weiter bemerkt man, daß die Pulsationen gleichermaßen in der H- wie in der D-Komponente auftraten. Auch im Magnetogramm von Pa in Südamerika sind die Pulsationen noch zu erkennen. Hingegen ist in den Magnetogrammen der Pazifik-Stationen sowie in Honolulu von den Pulsationen, die gleichzeitig an den Europa-Stationen registriert wurden, nichts zu bemerken. Hingewiesen sei dabei besonders auf die sehr empfindliche D-Komponente von PM.

An den Europa-Stationen war es früher Nachmittag, etwa 14 Uhr LT (= local time = Ortszeit), in Pa etwa 9 Uhr LT, hingegen an den Pazifik-Stationen kurz vor Mitternacht, etwa 23 Uhr LT, und in Honolulu etwa 2 Uhr LT. Die Pulsationen wurden also nur an Stationen registriert, die auf der Tagseite der Erde lagen. Anzumerken ist hier besonders, daß die schon öfter erwähnten pi 2-Pulsationen ihr Häufigkeitsmaximum kurz vor Mitternacht haben. Die Pulsationen der Abbildung 7 sind demnach nicht als pi 2-Pulsationen anzusprechen, sondern dem Aussehen und der Tageszeit des Auftretens nach als pc 4-Pulsationen.

Die Amplituden sind von der Größenordnung 1γ. Obgleich die Empfindlichkeiten sehr unterschiedlich sind, sieht man doch, daß an den Stationen hoher geomagnetischer Breite (Lo, So) die H-Komponente größer als die D-Komponente ist, in mittlerer Breite (Tl) hingegen D deutlich größer als H. Dabei ist die geringe Empfindlichkeit der D-Komponente in Tl zu berücksichtigen. Die Phase der Pulsationen ist für beide Komponenten unterschiedlich von Station zu Station.

In Abbildung 8 sind Pulsationen vom 19. Dezember 1964 dargestellt. Gegen 22 Uhr UT traten an den Pazifik-Stationen Pulsationen mit einer Periode von etwa 53 Sekunden auf. Die Periode ist an allen Stationen gleich, angefangen bei einer geomagnetischen Breite von 61° Süd (MI) bis 34° Nord (Mm). Die Pulsationen traten also über einen Breitenbereich von über 90° auf. Weiter erschienen sie gleichzeitig in der H- und in der D-Komponente. Während die Pulsationen auch noch in Ho zu erkennen sind, wurden sie in Pa und an den Europa-Stationen nicht registriert, obgleich die Empfindlichkeiten der Registrierungen vor allem in Mc, Gt und Wn recht groß sind.

Hierbei war es Nacht an den Europa-Stationen, etwa 23 Uhr LT, hingegen Vormittag an den Pazifik-Stationen, etwa 8 Uhr LT. In Ho war es eine halbe Stunde vor Mittag und in Pa etwa 18 Uhr LT. Die Pulsationen traten also auf der Tagseite der Erde auf.

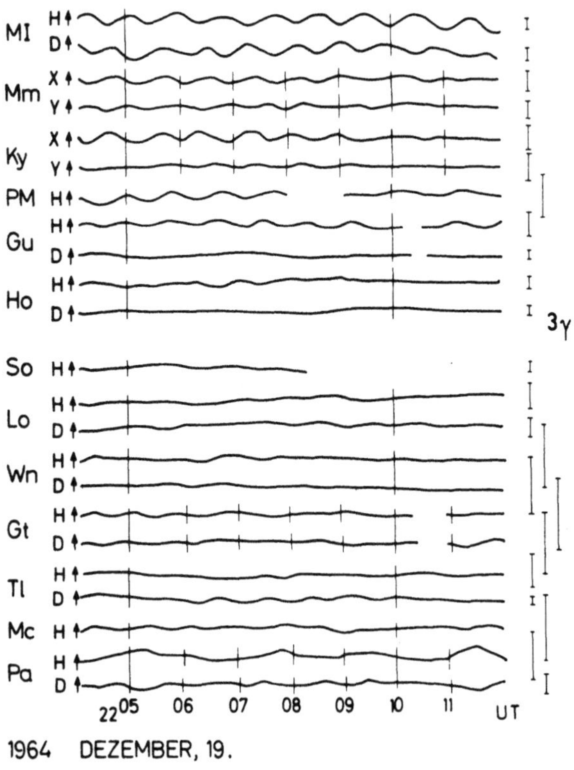

Die Amplituden sind unterschiedlich an den einzelnen Stationen. Die H- und die D-Komponente der Pulsationen nimmt zu höheren Breiten hin deutlich zu. Im einzelnen sind die Pulsationen in der D-Komponente an der äquatornahen Station Gu gar nicht nachzuweisen, in hoher Breite bei MI ist die Amplitude in D etwa 2γ. In der H-Komponente beträgt die Amplitude bei MI im Vergleich zu Gu das 2- bis 3-fache. Auch in diesem Beispiel traten von Station zu Station Phasenunterschiede auf.

Abbildung 9 zeigt Pulsationen mit großen Amplituden vom 2. September 1964. Sie traten an den Europa-Stationen auf. Die Periode beträgt etwa 55 Sekunden, sie ist unabhängig von der geomagnetischen Breite. An den Europa-Stationen war es Mittag. Die Pulsationen erschienen auch in Pa (8 Uhr LT) sowie möglicherweise in Ak (16 Uhr LT). Zu berücksichtigen ist dabei, daß die Originalregistrierung von Ak nur 1,5 mm/min Vorschub aufwies. An den Pazifik-Stationen (etwa 22 Uhr LT) traten die Pulsationen nicht auf. Dort wurden zur gleichen Zeit an den einzelnen Stationen unterschiedliche Feldschwankungen registriert.

Abb. 8: Registrierbeispiel erdmagnetischer pc 4-Pulsationen. Rechts sind die Empfindlichkeiten angegeben. UT bedeutet Weltzeit (universal time).
Stationssymbole: MI-Macquarie Island, Mm-Memambetsu, Ky-Kanoya, PM-Port Moresby, Gu-Guam, Ho-Honolulu, So-Sodankylä, Lo-Lovö, Wn-Wingst, Gt-Göttingen, Tl-Toledo, Mc-Moca, Pa-Paramaribo.

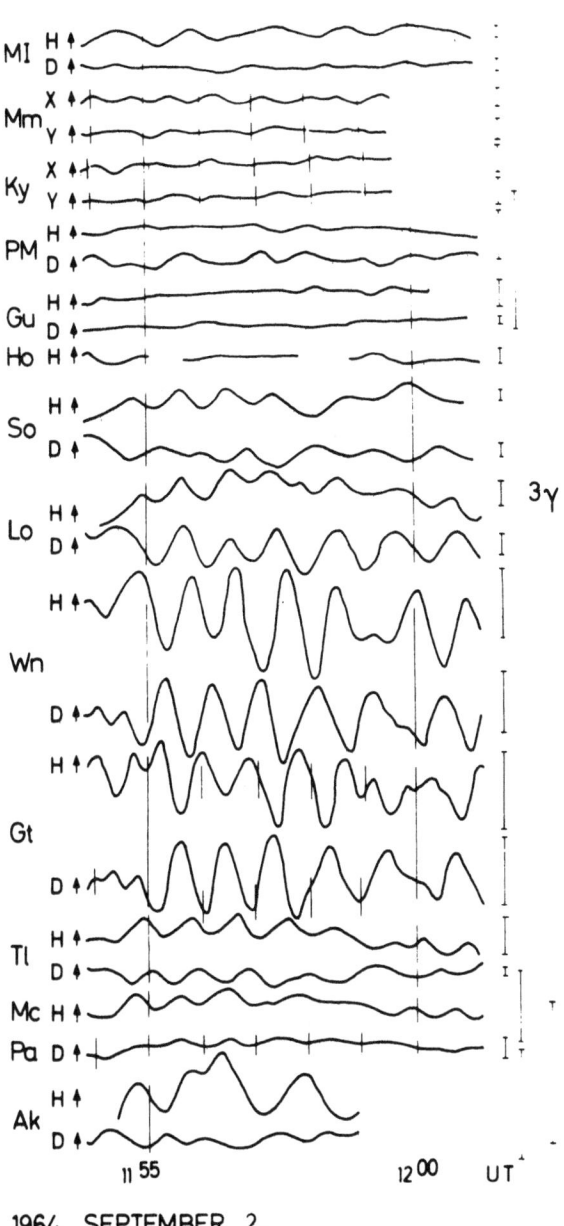

1964 SEPTEMBER, 2.

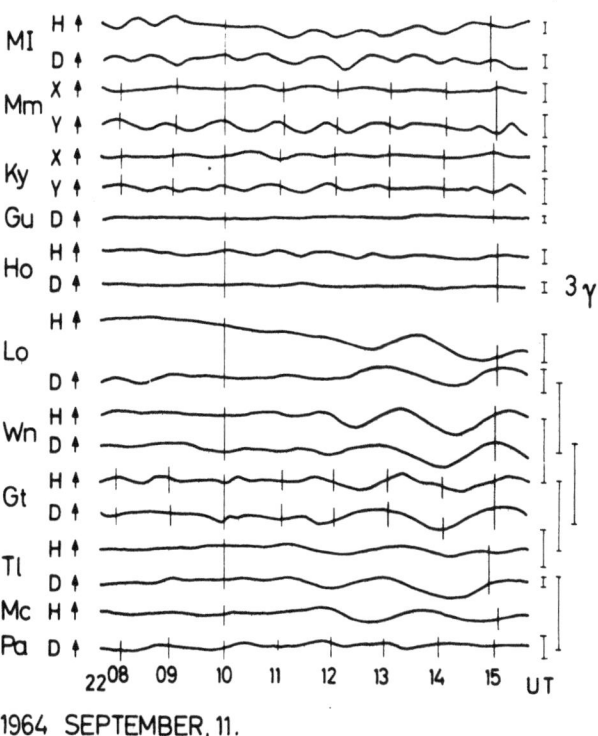

1964 SEPTEMBER, 11.

Abb. 10: Registrierbeispiel erdmagnetischer Pulsationen. Rechts sind die Empfindlichkeiten angegeben. UT bedeutet Weltzeit (universal time).

Abb. 9: Registrierbeispiel erdmagnetischer pc 4-Pulsationen. Rechts sind die Empfindlichkeiten angegeben. UT bedeutet Weltzeit (universal time).

Stationssymbole: MI-Macquarie Island, Mm-Memambetsu, Ky-Kanoya, PM-Port Moresby, Gu-Guam, Ho-Honolulu, So-Sodankylä, Lo-Lovö, Wn-Wingst, Gt-Göttingen, Tl-Toledo, Mc-Moca, Pa-Paramaribo, Ak-Askhabad.

Zu beachten ist wieder, daß die Pulsationen gleichzeitig in der H- und in der D-Komponente zu sehen sind. In hoher Breite (So) ist H größer als D, in mittlerer Breite (Tl) hingegen D größer als H.

Als weiteres Beispiel zeigt Abbildung 10 Pulsationen vom 11. September 1964. Gegen 22 Uhr UT traten sie an den Pazifik-Stationen auf, dort war es rund 8 Uhr Ortszeit. Mit 58 Sekunden ist die Periode an allen Stationen gleich. An der Station Mm in mittlerer Breite ist die Ost-West-Komponente Y deutlich größer als die Nord-Süd-Komponente X. An der äquatornahen Station Gu sind die Pulsationen in der D-Komponente nicht nachweisbar.

An den Europa-Stationen war es gleichzeitig Nacht. Gleichartige Pulsationen traten dort nicht auf. Unabhängig von den Pazifik-Stationen begann dort aber zur gleichen Zeit ein pt mit einer Periode von etwa 120 Sekunden.

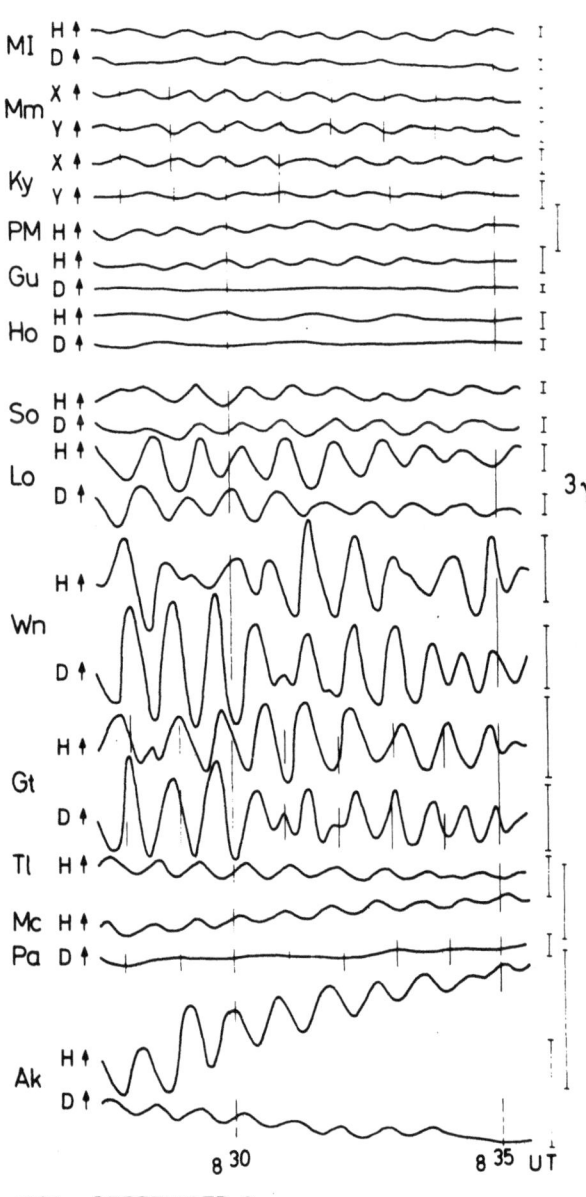

Abb. 11: Registrierbeispiel erdmagnetischer pc 4-Pulsationen. Rechts sind die Empfindlichkeiten angegeben. UT bedeutet Weltzeit (universal time).
Stationssymbole: MI-Macquarie Island, Mm-Memambetsu, Ky-Kanoya, PM-Port Moresby, Gu-Guam, Ho-Honolulu, So-Sodankylä, Lo-Lovö, Wn-Wingst, Gt-Göttingen, Tl-Toledo, Mc-Moca, Pa-Paramaribo, Ak-Askhabad.

Als letztes Beispiel zeigt Abbildung 11 Pulsationen vom 3. September 1964. An den Europa-Stationen war es Vormittag, an den Pazifikstationen später Nachmittag. In Ak war es Mittag. Überall traten die Pulsationen mit gleicher Periode von ungefähr 51 Sekunden auf, mit Ausnahme der Stationen Ho (22 Uhr LT) und Pa (5 Uhr LT). Bei diesem Beispiel traten die Pulsationen also auf der gesamten Tageshalbkugel der Erde auf und griffen sogar noch etwas auf die Nachthälfte über.

Bezüglich der Komponenten ist festzustellen, daß H größer als D ist in hohen Breiten (MI, So, Lo) wie auch an der äquatornahen Station Gu, wo die Pulsationen in der D-Komponente gar nicht auftraten. Hingegen ist an der Station Mm in mittlerer Breite Y ($\approx$D) größer oder wenigstens gleichgroß wie X ($\approx$H).

Untersucht wurden noch weitere Beispiele. Sie ergaben im großen und ganzen für das Auftreten der Pulsationen im Periodenbereich um eine Minute das gleiche Verhalten wie in den eben besprochenen Beispielen.

Zusammenfassend gewinnt man an Hand von Beispielen folgenden Überblick über die Eigenschaften der Pulsationen im Periodenbereich um eine Minute: Im allgemeinen werden die Pulsationen nur auf der Tagseite der Erde registriert. Sie treten dort aber gleichzeitig an weit auseinanderliegenden Stationen auf. Die Periode ist an allen Stationen gleich, also insbesondere unabhängig von der geomagnetischen Breite. Dies muß betont werden, da zum Beispiel die Periode der tagsüber in mittleren Breiten häufigen pc 3-Pulsationen systematisch mit wachsender geomagnetischer Breite zunimmt [VOELKER 1963]. Weiter treten die Pulsationen gleichzeitig in der H- und in der D-Komponente auf. An äquatornahen Stationen und an Stationen hoher geomagnetischer Breite ist häufig die H-Komponente größer als die D-Komponente, in mittleren Breiten hingegen oft die D-Komponente größer als die H-Komponente. Von Station zu Station treten Phasenunterschiede auf. Diese werden aber in der folgenden Auswertung nicht berücksichtigt.

3.3 Statistische Untersuchung

Zweck dieses Abschnitts ist es, die im Teil 3.2 bei der Betrachtung von Beispielen gewonnenen Ergebnisse statistisch zu erfassen und weitere Einzelheiten zu erschließen.

3.31 Methode des Auswertens

Eine ausführliche Auswertung wurde für die 5 Pazifik-Stationen Ml, Mm, Ky, PM und Gu sowie für die 6 Europa-Stationen So, Lo, Wn, Gt, Tl und Mc durchgeführt. Aus den Magnetogrammen wurden alle Pulsationen herausgesucht, deren Periode zwischen 45 und 75 Sekunden lag. Dabei war zu beachten, daß die Periode der tagsüber in mittleren Breiten häufigen pc 3-Pulsationen mit zunehmender geomagnetischer Breite anwächst. Deshalb ist zu erwarten, daß in höheren Breiten breitenabhängige Pulsationen auch im Periodenbereich um eine Minute auftreten. Zur Aufstellung der Urliste wurden deshalb zunächst nur Registrierungen von Stationen in niederen und mittleren Breiten verwendet, insbesondere die Registrierungen von Guam, Kanoya und Memambetsu für das Pazifik-Profil. Die Magnetogramme der Station Port Moresby waren weniger gut auswertbar und wurden deshalb zunächst nicht herangezogen. Bei den Europa-Stationen wurden dementsprechend nur die Registrierungen der Stationen Toledo und Moca verwendet.

Aus den Magnetogrammen der Monate September und Dezember 1964 wurden für jede dieser 5 Stationen Gu, Ky, Mm, Mc und Tl alle Pulsationen herausgesucht, die folgende Anforderungen erfüllten:

1) Die Uhrzeit des Auftretens liegt nach Ortszeit zwischen 6 Uhr und 18 Uhr.
2) Eine volle Schwingung ist klar zu erkennen.
3) Die Periode liegt zwischen 45 und 75 Sekunden.

Für jeden Fall wurde Datum und Uhrzeit notiert.

Die Fälle von Gu, Ky und Mm wurden in einer Liste für die Pazifik-Stationen und diejenigen von Mc und Tl in einer Liste für die Europa-Stationen zusammengefaßt. Diese Fälle wurden in den Magnetogrammen aller Stationen des betreffenden Profils aufgesucht. Traten Pulsationen im Periodenbereich zwischen 45 und 75 Sekunden auf, so wurde für jede Station die Doppelamplitude der H- und der D-Komponente ausgemessen und notiert. Bei den Stationen Mc, Tl, Gt, Wn, Gu, Ky und Mm, deren Magnetogramme besonders gut auswertbar waren, wurde zusätzlich die Periode notiert. Für jeden Fall wurden die mittlere Periode und die Amplitudenverhältnisse D/H berechnet. Gestrichen wurden alle Fälle, bei denen die Periode der Pulsationen in einer der gut auswertbaren Registrierungen von der mittleren Periode um mehr als 10% abwich. Weiter wurden alle Fälle verworfen, bei denen nicht an mindestens 3 Stationen des betreffenden Profils das Amplitudenverhältnis der D- zur H-Komponente gebildet werden konnte. Danach bleiben für das Pazifik-Profil 531 Fälle und für das Europa-Profil 548 Fälle übrig. Diese werden für die weitere Auswertung herangezogen.

3.32 Die Häufigkeit der Pulsationen

Die Liste für die weiteren Untersuchungen, deren Aufstellung im vorhergehenden Abschnitt erläutert ist, enthält Pulsationen mit folgenden Eigenschaften:

1) Die Pulsationen traten an mindestens 3 Stationen gleichzeitig auf.
2) Die Periode liegt zwischen 45 und 75 Sekunden.
3) Die Periode ist im Rahmen der Genauigkeit der Auswertung an allen Stationen gleich.

Die Zahl dieser Pulsationen ist für die Europa-Stationen 548 und für die Pazifik-Stationen 531. Ausgewertet wurden die Monate September und Dezember 1964, also 61 Tage. Damit ergibt sich, daß solche Pulsationen an jedem Tag durchschnittlich neunmal auftraten. Nimmt man für jeden Fall 1 bis 3 Einzel-schwingungen an, so ergibt sich für diesen speziellen Pulsationstyp im Durchschnitt eine Pulsationstätigkeit zwischen 10 und 30 Minuten pro Tag.

Um die Häufigkeit der Pulsationen in Abhängigkeit von der Periode zu untersuchen, wurde gleitend über 5 Sekunden gemittelt. Dann wurden Periodenintervalle von jeweils 3 Sekunden zusammengefaßt. Das Ergebnis zeigt Abbildung 12. Aufgetragen sind hier die Häufigkeiten für das Europa- und das Pazifik-Profil. Die Darstellung wurde durch Ergebnisse einer besonderen Untersuchung langperiodischer Pulsationen in Göttingen (siehe Abschnitt 2) ergänzt, bei der aber nur Pulsationen ausgewertet wurden, deren Periode größer als 50 Sekunden war. Die dargestellte Häufigkeit ist die Häufigkeit in 2 Monaten. Sie bedeutet für die Pazifik- und die Europa-Stationen die absolute Häufigkeit im Beobachtungszeitraum. Die Häufigkeit für die Station Göttingen ist auf 61 Tage normiert worden.

In Abbildung 12 fällt auf, daß alle 3 unabhängig voneinander gewonnenen Häufigkeitsverteilungen als gleiches Ergebnis ein Maximum der Häufigkeit im Periodenbereich um eine Minute aufweisen. Weiter scheinen Pulsationen kürzerer Periode an den Pazifik-Stationen häufiger aufzutreten als an den Europa-Stationen. Das liegt aber vermutlich an der Auswertemethode. Zur Aufstellung der Urliste wurden nämlich die gut auswertbaren Registrierungen der Stationen Ky und Mm herangezogen. In diesen Registrierungen sind aber aufgrund der Amplitudenresonanzkurven Pulsationen mit kürzeren Perioden besser zu erkennen (siehe Abschnitt 3.1, Abb. 6). Hingegen wurden bei der Aufstellung der Urliste für die Europa-Stationen die Registrierungen der Stationen Mc und Tl verwendet, deren Empfindlichkeit für alle Perio-

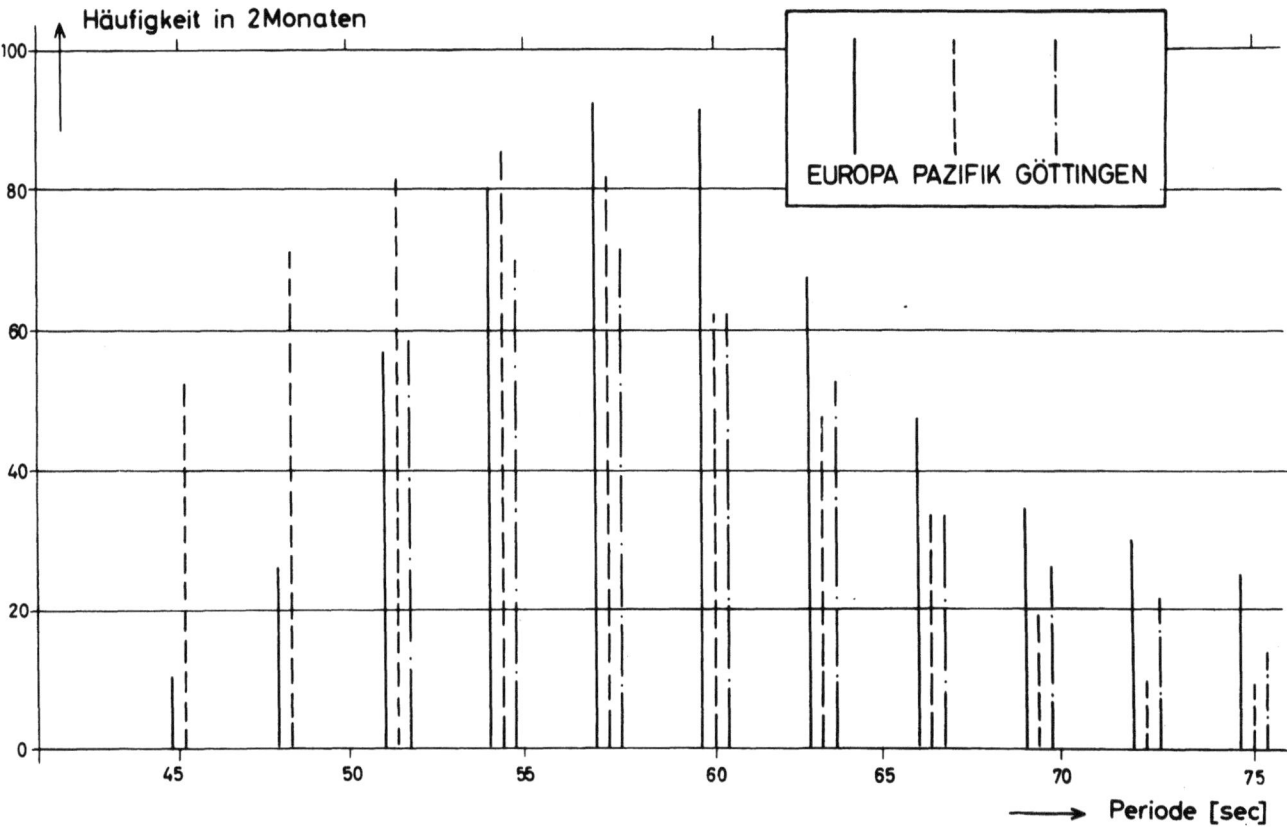

Abb. 12: Die Häufigkeit erdmagnetischer pc 4-Pulsationen in Abhängigkeit von der Periode. Mit "Europa" ist die Häufigkeit der an den Europa-Stationen aufgetretenen Pulsationen bezeichnet, entsprechend mit "Pazifik" die Häufigkeit der an den Pazifik-Stationen aufgetretenen Pulsationen. Die Werte mit der Bezeichnung "Göttingen" stammen aus einer gesonderten Untersuchung langperiodischer Pulsationen an der Station Göttingen, die im Abschnitt 2 beschrieben ist.

den gleichgroß ist. Es ist somit nicht verwunderlich, daß in Abbildung 12 die Häufigkeit von Pulsationen mit kürzeren Perioden an den Pazifik-Stationen größer zu sein scheint als an den Europa-Stationen. Man darf deshalb auch erwarten, daß die für die Europa-Stationen gefundene Häufigkeitsverteilung der wahren am nächsten kommt.

Im Periodenbereich um eine Minute treten also tagsüber Pulsationen verhältnismäßig häufig auf, das Maximum liegt nach Abbildung 12 zwischen 54 und 60 Sekunden.

3.33 Zum Auftreten der Pulsationen auf der Tagseite der Erde

Bei der Betrachtung von Beispielen hatte sich ergeben, daß die untersuchten Pulsationen im Periodenbereich um eine Minute oftmals entweder nur an den Pazifik-Stationen oder nur an den Europa-Stationen auftraten, jeweils dort, wo es gerade Tag war. Andererseits lassen sich auch Beispiele dafür finden, daß die Pulsationen gleichzeitig an allen Stationen auftraten, unabhängig davon, ob es Tag oder Nacht war. Die Frage nach dem tageszeitlichen Auftreten der Pulsationen soll hier genauer untersucht werden.

Zwischen den Pazifik- und den Europa-Stationen besteht ein Ortszeitunterschied von rund 9 Stunden. Vorwiegend ist es also Nacht an den Europa-Stationen, wenn es an den Pazifik-Stationen Tag ist, und umgekehrt. Als Ausgangspunkt für die Untersuchung dient die vorliegende Liste der an den Pazifik-Stationen aufgetretenen Pulsationen aus den Monaten September und Dezember 1964. Tagsüber waren dort im Periodenbereich von 45 bis 75 Sekunden 531 mal Pulsationen aufgetreten, und zwar gleichzeitig mit gleicher Periode an mindestens 3 Stationen. Um zu prüfen, ob und wie häufig diese Pulsationen gleichzeitig auf der Nachtseite der Erde auftraten, wurden die Magnetogramme der Station Göttingen herangezogen. Diese sind für eine solche Untersuchung aus folgenden Gründen besonders gut geeignet:

1) Verfügbar sind die Originalregistrierungen, die natürlich stets besser auswertbar sind als Mikrofilmkopien.
2) Der Vorschub beträgt 6 mm pro Minute. Damit hat man eine gute zeitliche Auflösung.
3) Die Empfindlichkeit ist im Vergleich zu den anderen Registrierungen verhältnismäßig groß.

Für die 531 Fälle, in denen an den Pazifik-Stationen Pulsationen aufgetreten waren, wurden die Göttinger Magnetogramme daraufhin untersucht, ob zur gleichen Zeit Pulsationen annähernd gleicher Periode erkennbar sind. In 38 Fällen wurden gleichartige Pulsationen gefunden, hingegen in 396 Fällen nicht. Bei 97 Fällen war es infolge sehr kleiner Amplituden oder wegen gleichzeitig aufgetretener Störungen unsicher, ob gleichartige Pulsationen in Göttingen aufgetreten waren.

Das Ergebnis ist also folgendes: Betrachtet wurden 531 Fälle des Pazifik-Profils, bei denen tagsüber Pulsationen gleichzeitig an mindestens 3 Stationen mit gleicher Periode aufgetreten waren, wobei die Periode zwischen 45 und 75 Sekunden lag. Bei 75 % dieser Fälle war in den Registrierungen der Station Göttingen zur gleichen Zeit, also für Göttingen vorwiegend nachts, von solchen Pulsationen nichts zu bemerken. Lediglich bei 7 % der Fälle waren gleichzeitig gleichartige Pulsationen einwandfrei zu erkennen. Folglich sind die untersuchten Pulsationen vorwiegend auf die Tagseite der Erde beschränkt. Nur selten sind sie gleichzeitig auf der Nachtseite nachweisbar.

Weiter soll noch gezeigt werden, daß die untersuchten Pulsationen nichts mit den bisher vorwiegend nachts registrierten pi 2-Pulsationen zu tun haben. Man weiß, daß pi 2-Pulsationen sehr häufig zu Beginn einer erdmagnetischen Baystörung auftreten [ROMAÑÁ et al. 1962]. Eine Liste der an den erdmagnetischen Observatorien registrierten Baystörungen wird regelmäßig im "Three-monthly bulletin" der IUGG/IAGA[1] veröffentlicht. Für die 531 Fälle der Pazifik-Liste und die 548 Fälle der Europa-Liste

---

[1] Internationale Union für Geodäsie und Geophysik (IUGG),
Internationale Assoziation für Geomagnetismus und Aeronomie (IAGA).

wurde im Bulletin nachgesehen, ob zur gleichen Zeit irgendwo auf der Erde eine Baystörung registriert worden war, genauer, ob im Bereich von 15 Minuten vor bis 15 Minuten nach dem Auftreten der hier untersuchten Pulsationen irgendwo eine Baystörung begann. Das Ergebnis ist, daß von den insgesamt 1079 Fällen bei 75 Fällen (= 7%) gleichzeitig eine Baystörung aufgetreten war. Höchstens 7% der untersuchten Pulsationen lassen sich demnach als pi 2-Pulsationen deuten, da sie teilweise rein zufällig gleichzeitig mit einer Baystörung aufgetreten sein werden. Bei der überwiegenden Zahl von 1004 Fällen wurde zur gleichen Zeit keine Baystörung gemeldet. Dies Ergebnis bestätigt, daß es sich bei den untersuchten Pulsationen um einen eigenständigen Pulsationstyp handelt, der dem Aussehen und der Tageszeit des Auftretens nach als pc 4 zu bezeichnen ist.

Ein Nebenergebnis ist, daß die vorwiegend nachts auftretenden pi 2-Pulsationen durchaus ab und zu auch auf der Tagseite der Erde beobachtet werden können. Das ist nicht verwunderlich, da die pi 2-Pulsationen ebenfalls weiträumig auftretende Pulsationen sind. Ferner steht dies Ergebnis im Einklang mit speziellen Untersuchungen über das Auftreten von pi 2-Pulsationen auf der Tagseite der Erde [YANAGIHARA et al. 1966].

3.34 Der Zusammenhang zwischen der H- und der D-Komponente

3.341 Abhängigkeit des Amplitudenverhältnisses D/H von der geomagnetischen Breite

An den Pulsationen im Periodenbereich um eine Minute fällt immer wieder der enge Zusammenhang zwischen der H- und der D-Komponente auf. Bei der Betrachtung der Beispiele hatte sich eine Abhängigkeit von der geomagnetischen Breite angedeutet: Häufig waren die Amplituden der H-Komponente an äquatornahen Stationen und Stationen in hohen geomagnetischen Breiten größer als die Amplituden der D-Komponente. In mittleren Breiten wurde hingegen D manchmal sogar größer als H. Es soll versucht werden, dieses Verhalten quantitativ zu erfassen.

In der Urliste ist bei jedem Einzelfall das Amplitudenverhältnis D/H verzeichnet. Aus diesen Werten wurde für jede Station das arithmetische Mittel des D/H-Verhältnisses unter Verwendung aller Fälle gebildet. Für die Stationen Mm und Ky ist in der Urliste das Amplitudenverhältnis Y/X aufgeführt. Die Abweichung der geomagnetischen Nordrichtung von der geographischen beträgt für Mm rund 8° und für Ky rund 5°. Damit entspricht für diese beiden Stationen das Amplitudenverhältnis Y/X im wesentlichen dem Amplitudenverhältnis D/H. In Tabelle 2 sind die durchschnittlichen Amplitudenverhältnisse für 10 Stationen aufgeführt. Außerdem ist dort auch die Anzahl an Einzelwerten vermerkt, aus denen der Mittelwert

Tabelle 2

Mittlere Amplitudenverhältnisse für 10 Stationen und Anzahl der zur Mittelung verwendeten Einzelwerte

Station	Symbol	Amplitudenverhältnis D/H	Anzahl von Einzelwerten
Guam	Gu	0,03	459
Port Moresby	PM	0,42	279
Kanoya	Ky	0,68	499
Memambetsu	Mm	1,36	479
Toledo	Tl	5,18	423
Göttingen	Gt	1,04	501
Wingst	Wn	0,69	507
Lovö	Lo	0,88	474
Macquarie Island	MI	0,89	426
Sodankylä	So	0,58	287

gebildet wurde. Diese Zahl von Einzelwerten ist zugleich ein Maß für die Güte der Registrierungen einer Station. Fehlende Werte in der Urliste bedeuten nämlich meistens, daß die Registrierung ausgefallen oder nicht auswertbar war. Man sieht aber, daß für alle Stationen eine ausreichende Anzahl von Einzelwerten zur Verfügung steht.

In Abbildung 13 ist die Abhängigkeit des Amplitudenverhältnisses D/H von der geomagnetischen Breite aufgezeichnet. Es ist zu beachten, daß diese Abhängigkeit infolge der wenigen Punkte nur andeutungsweise beschrieben werden kann. Das Amplitudenverhältnis D/H ist an der äquatornahen Station Guam sehr klein. Es wird mit zunehmender Breite systematisch größer. Bei etwa 30° geomagnetischer Breite sind die H- und die D-Komponente der Pulsationen von gleicher Größenordnung. Auffallend ist das sehr große Amplitudenverhältnis für Toledo. Dieser große Wert ist sicherlich nicht repräsentativ für mittlere Breiten. Möglicherweise liegt Toledo im Bereich einer Leitfähigkeitsanomalie. Dadurch wird zwar vor allem die hier nicht betrachtete Z-Komponente der Pulsationen beeinflußt, aber es erfolgen auch Einwirkungen auf die Horizontalkomponenten [FLEISCHER 1954, KREMSER 1962, JAESCHKE 1963]. Für mittlere Breiten ist eher ein Wert des D/H-Verhältnisses zwischen 1 und 2 entsprechend dem von Memambetsu anzunehmen. Zu höheren Breiten hin wird das Amplitudenverhältnis D/H wieder kleiner. Der Verlauf ist nicht ganz einheitlich, eine allgemeine Abnahme des Amplitudenverhältnisses D/H zu höheren Breiten hin deutet sich aber an. Bemerkenswert ist, daß sich das Amplitudenverhältnis der Pazifik-Station MI in den allgemeinen Verlauf für die Europa-Stationen in befriedigender Weise einfügt.

Zusammenfassend kann man sagen, daß das Amplitudenverhältnis der D- zur H-Komponente am Äquator sehr klein ist. Es wird bei wachsender geomagnetischer Breite größer bis zu einem Maximum in mittleren Breiten und nimmt zu höheren Breiten hin wieder ab.

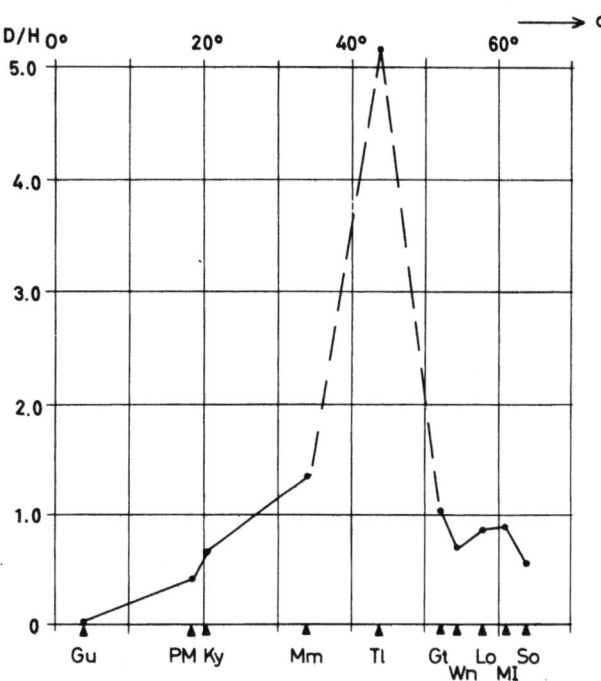

Abb. 13: Das Amplitudenverhältnis D/H erdmagnetischer Pulsationen im Periodenbereich um eine Minute in Abhängigkeit von der geomagnetischen Breite.

Stationssymbole: Gu-Guam, PM-Port Moresby, Ky-Kanoya, Mm-Memambetsu, Tl-Toledo, Gt-Göttingen, Wn-Wingst, Lo-Lovö, MI-Macquarie Island, So-Sodankylä.

3.3 - 22 -

3.342 Tagesgang des Amplitudenverhältnisses D/H

Um den Tagesgang des Amplitudenverhältnisses D/H zu untersuchen, werden die in der Urliste enthaltenen Fälle für jede Station nach Ortszeit geordnet. Dann wird für 2-Stunden-Intervalle das arithmetische Mittel gebildet. Das Ergebnis ist in Abbildung 14 dargestellt. Der Verlauf für die Europa-Stationen ist gestrichelt, der für die Pazifik-Stationen ausgezogen. Zu beachten ist, daß für die Station Tl ein anderer Maßstab als für die übrigen Stationen gilt.

Man sieht in Abbildung 14, daß der Tagesgang im großen und ganzen für alle Stationen gleich ist. Eine Ausnahme machen nur die Stationen Gu und PM in niederen Breiten sowie MI in hoher geomagnetischer Breite. Bei den anderen Stationen wird das Amplitudenverhältnis D/H zunächst größer bis zu einem Vormittagsmaximum bei etwa 9 Uhr Ortszeit (11 Uhr Ortszeit bei Tl und So). Danach fällt das Amplitudenverhältnis monoton ab bis 17 Uhr Ortszeit. Bei den Stationen Gu, PM und MI ist demgegenüber ein so

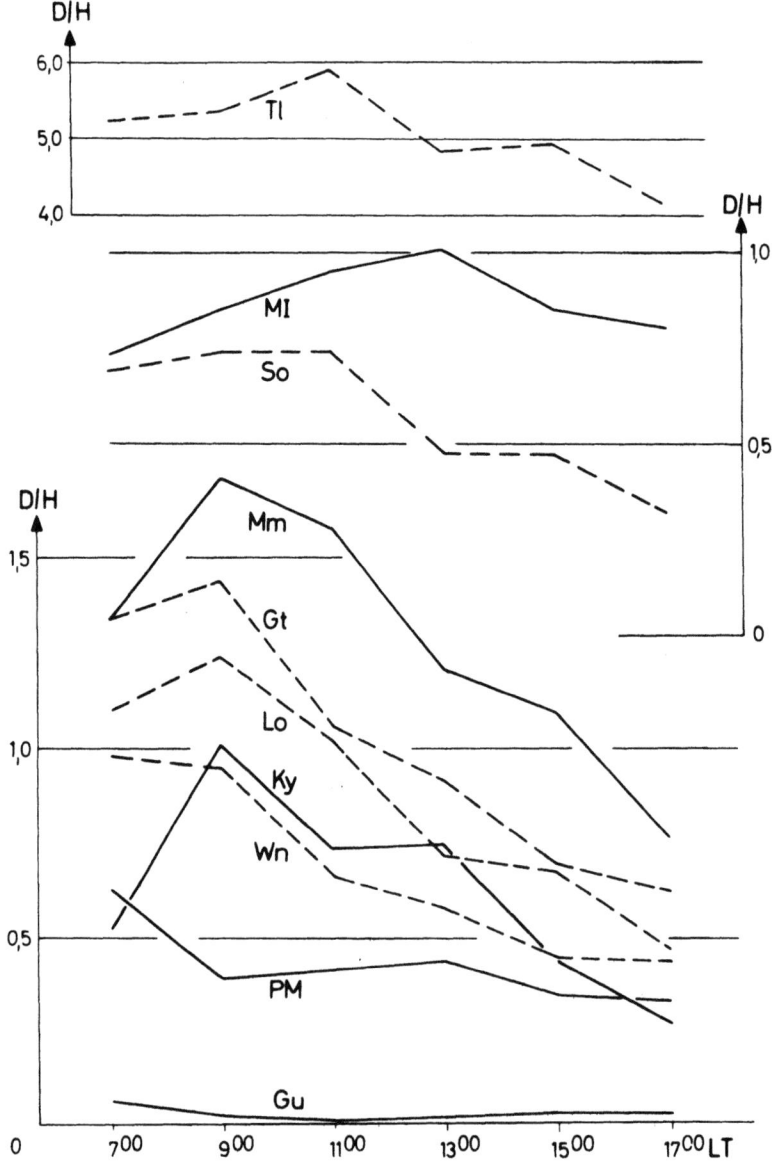

Abb. 14: Das Amplitudenverhältnis D/H in Abhängigkeit von der Tageszeit. LT bedeutet Ortszeit (local time).

Stationssymbole: Tl-Toledo, MI-Macquarie Island, So-Sodankylä, Mm-Memambetsu, Gt-Göttingen, Lo-Lovö, Ky-Kanoya, Wn-Wingst, PM-Port Moresby, Gu-Guam.

ausgeprägter Tagesgang nicht feststellbar. Das Amplitudenverhältnis bleibt den ganzen Tag über mehr oder weniger konstant. Bei PM und MI ist aber ebenfalls eine Abnahme des Amplitudenverhältnisses D/H zum Nachmittag hin erkennbar. Das wesentliche Ergebnis ist jedoch der für die Mehrzahl der Stationen gleichartige Tagesgang des Amplitudenverhältnisses. Das bedeutet nämlich, daß die Kurve in Abbildung 13, die die Abhängigkeit des Amplitudenverhältnisses D/H von der geographischen Breite darstellt, den ganzen Tag über gleichartig verläuft, jeweils nur mit einem anderen Maßstab.

Folglich gilt für Pulsationen im Periodenbereich um eine Minute tagsüber stets, daß das Amplitudenverhältnis D/H von sehr kleinen Werten am Äquator zu einem Maximum in mittleren Breiten zunimmt und zu hohen Breiten hin wieder abnimmt.

3.4 Vergleich mit den Ergebnissen anderer Autoren und Zusammenfassung der Auswertung

Die in den vorhergehenden Abschnitten dargestellten Ergebnisse lassen sich weiter durch Untersuchungen anderer Autoren stützen.

FERNANDO et al. [1966] untersuchten Registrierungen der äquatornahen Station Colombo auf Ceylon aus den Monaten April und Mai 1964. Unter anderem ergibt sich, daß dort Pulsationen im Periodenbereich um eine Minute besonders häufig auftreten. Das Häufigkeitsmaximum liegt bei 60 ± 5 Sekunden.

ROQUET [1967] beschreibt gleichzeitige Registrierungen der H- und der D-Komponente an 2 äquatornahen Stationen in Afrika (Addis Abeba[1] $\Phi = 5,3°$, Parakou $\Phi = 12,6°$) und 2 Stationen in Frankreich (Chambon-la-Forêt $\Phi = 50,5°$, Garchy $\Phi = 49,6°$). Für pc 4-Pulsationen sind die Amplituden in den H-Komponenten an allen 4 Stationen von gleicher Größenordnung, während die Amplituden in den D-Komponenten an den äquatornahen Stationen merklich kleiner als an den Stationen in Frankreich sind. Das bedeutet also, daß die Amplitudenverhältnisse D/H an den Stationen in Frankreich merklich größer sind als an den äquatornahen Stationen.

Aus Untersuchungen anderer Autoren ergibt sich, daß an vielen Stationen tagsüber Pulsationen im Periodenbereich um eine Minute auftreten. Jedoch liegen keine genaueren Untersuchungen vor, die mit den hier gefundenen Ergebnissen verglichen werden könnten. Solche allgemeinen Hinweise auf das Auftreten von pc 4-Pulsationen finden sich bei DUFFUS et al. [1958], MAPLE [1959], ELLIS [1960], BOLSHAKOVA et al. [1961], SAITO [1962, 1964], HIRASAWA et al. [1965] und STUART et al. [1966].

Zusammenfassend können die Eigenschaften erdmagnetischer pc 4-Pulsationen im Periodenbereich zwischen 45 und 75 Sekunden folgendermaßen beschrieben werden:
1) Die Pulsationen treten gleichzeitig in einem großen Bereich der Erde auf. Vorwiegend werden sie auf der Tagseite der Erde beobachtet. Es ist kein Zusammenhang mit erdmagnetischen Baystörungen feststellbar.
2) Das Maximum der Häufigkeit liegt bei einer Periode zwischen 54 und 60 Sekunden. Es ist keine Abhängigkeit der Periode von der geomagnetischen Breite feststellbar.
3) Die Pulsationen treten gleichzeitig in der D- und in der H-Komponente auf. Das Amplitudenverhältnis der D- zur H-Komponente ändert sich systematisch mit der geomagnetischen Breite. In Äquatornähe ist es sehr klein. Mit zunehmender geomagnetischer Breite wird es größer und durchläuft ein Maximum in mittleren Breiten. Zu höheren Breiten hin wird das D/H - Verhältnis wieder kleiner.

Da diese Ergebnisse aus Registrierungen im Sonnenfleckenminimum gewonnen wurden, gelten sie zunächst nur für magnetisch ruhige Zeiten.

---
[1] Φ bezeichnet die geomagnetische Breite.

4. Deutung der Beobachtungsergebnisse

4.1 Vorliegende Theorien und ihre Anwendbarkeit

Im folgenden soll untersucht werden, inwieweit vorliegende Theorien über erdmagnetische Pulsationen zur Deutung der hier behandelten Pulsationen herangezogen werden können. Hinweise auf solche Theorien findet man zum Beispiel bei TROITSKAYA et al. [1967] . Eine Theorie müßte vor allem folgende Beobachtungsergebnisse erklären:

1) Die Pulsationen treten vorwiegend tagsüber in einem großen Bereich auf.
2) Die Periode der Pulsationen beträgt ungefähr eine Minute und ist unabhängig von der geomagnetischen Breite.
3) Die H- und die D-Komponente sind eng miteinander verknüpft. Das Amplitudenverhältnis D/H ist am Äquator sehr klein und durchläuft in mittleren Breiten ein Maximum.

Von den vorliegenden Theorien erdmagnetischer Pulsationen beschäftigt sich ein Teil mit der Breitenabhängigkeit der Periode. Eine Abhängigkeit der Periode von der geomagnetischen Breite wurde aber bei den hier zu behandelnden Pulsationen nicht gefunden, und deshalb können derartige Theorien nicht zur Deutung herangezogen werden. Eine erst kürzlich erschienene Untersuchung von KITAMURA et al. [1968] beschäftigt sich speziell mit langperiodischen Pulsationen. Da aber auch ihre Deutung auf eine Breitenabhängigkeit der Periode führt, kann sie nicht zur Erklärung der hier interessierenden Pulsationen dienen.

Andere Theorien befassen sich mit den pi 2-Pulsationen (pt's), die einige Eigenschaften mit den hier in Frage stehenden Pulsationen gemeinsam haben. So treten sie zum Beispiel auch großräumig mit überall gleicher Periode auf, und es besteht ein Zusammenhang zwischen der H- und der D-Komponente. Andererseits ist aber für pi 2-Pulsationen typisch, daß sie vorwiegend nachts auftreten und außerdem häufig zu Beginn einer erdmagnetischen Baystörung. Beides gilt aber nicht für die pc 4-Pulsationen. Auch wird in keinem Deutungsversuch der Zusammenhang zwischen der H- und der D-Komponente der Pulsationen näher behandelt [WATANABE 1959, TAMAO 1961, KATO et al. 1962] . Auch mit anderen Theorien, zum Beispiel zur Deutung von Riesenpulsationen, können die Eigenschaften der hier zu behandelnden Pulsationen nicht erklärt werden [LEHNERT 1956, SCHOLTE 1960] .

Ohne auf die eben erwähnten und sonst noch vorliegenden Theorien im einzelnen einzugehen, kann man feststellen, daß sich damit zwar die eine oder andere Eigenschaft der pc 4-Pulsationen beschreiben läßt, daß aber keine zu einer geschlosseneren Erklärung dienen kann. Insbesondere führt keine von ihnen zu einem Verständnis des hier gefundenen Zusammenhanges zwischen der H- und der D-Komponente. Es wird deshalb im folgenden versucht, ein Modell zu entwickeln, mit dem die wesentlichen Eigenschaften der pc 4-Pulsationen verstanden werden können. Man weiß, daß erdmagnetische Pulsationen ihren Ursprung außerhalb der Erde haben [HARANG 1939, SCHMUCKER 1959, BERGER 1963, NAGATA et al. 1963, NISHIDA et al. 1964] . Da die zu erklärenden Pulsationen außerdem in einem großen Gebiet der Erde gleichzeitig und mit gleicher Periode auftreten, kann man vermuten, daß ihr Ursprungsort ziemlich weit außen liegt. Naheliegend ist es, diesen irgendwo in der hohen Atmosphäre zu suchen.

4.2 Die Herkunft der pc 4-Pulsationen

4.21 Aufbau der hohen Atmosphäre

Zur Erforschung der hohen Atmosphäre dienen vor allem Raumsonden und Whistler, niederfrequente elektromagnetische Störungen, die bei Blitzentladungen entstehen [STOREY 1953]. In der Magnetosphäre sind zwei große Gebiete zu unterscheiden, die Plasmasphäre und der Plasmatrog. Dazu werde kurz der Verlauf des erdmagnetischen Feldes und der Plasmadichte in der Magnetosphäre betrachtet.

Auf der der Sonne zugewandten Seite der Erde reicht das erdmagnetische Feld bis etwa 10 Erdradien Entfernung. Dort wird es durch die Magnetopause begrenzt. In magnetisch ruhigen bis schwach gestörten Zeiten weist das erdmagnetische Feld bis etwa 7 Erdradien Entfernung eine deutlich dipolartige Struktur auf, auftretende Störungen sind klein gegen das ungestörte Magnetfeld. Im Bereich bis zu etwa 10 Erdradien Entfernung sind dann die Störungen von gleicher Größenordnung wie das eigentliche Magnetfeld, das aber immer noch dipolähnlich ist. Auf der der Sonne abgewandten Seite der Erde begrenzt die Magnetopause die Magnetosphäre weniger scharf [SONETT et al. 1960, CAHILL et al. 1963, HEPPNER et al. 1967, HEPPNER 1967].

Aus Whistler-Untersuchungen gewinnt man Aussagen über die Elektronenkonzentration in der Magnetosphäre. Das Plasma der Magnetosphäre kann als quasineutral angesehen werden, es sollen also gleichviel negative und positive Ladungen anwesend sein. Da in größeren Höhen als Ionen fast nur Protonen auftreten, kennt man mit der Elektronenkonzentration zugleich die Plasmadichte. Die Plasmadichte fällt mit zunehmender Höhe zunächst kontinuierlich ab. In einigen Erdradien Entfernung folgt eine Grenzschicht, die nur Bruchteile eines Erdradius dick ist und als Plasmapause bezeichnet wird. Dort nimmt die Plamadichte um ein bis zwei Zehnerpotenzen ab. Die Lage der Plasmapause hängt von der erdmagnetischen Aktivität ab. Für magnetisch ruhige Zeiten wird für den Zusammenhang zwischen Kp und der Lage der Plasmapause, ausgedrückt durch den L-Parameter, folgende Beziehung angegeben [BINSACK 1967]:

$$L = 6 - 0,6 \, Kp \, .$$

In grober Näherung entspricht der L-Wert dem geozentrischen Abstand der Plasmapause in der Äquatorebene. In magnetisch ruhigen Zeiten liegt die Plasmapause dort also in 4 bis 6 Erdradien Entfernung. Nach außen folgt ein Gebiet sehr geringer Plasmadichte. Dort sind schon Dichten von weniger als 1 Elektron pro cm^3 beobachtet worden [CARPENTER 1963, 1966, ANGERAMI et al. 1966, ANGERAMI 1966, LAZARUS et al. 1968].

In der Magnetosphäre sind somit 2 Gebiete zu unterscheiden: Das eine Gebiet mit relativ großer Plasmadichte liegt zwischen der oberen Ionosphäre und und der Plasmapause. Es wird als Plasmasphäre bezeichnet. Das andere Gebiet zwischen der Plasmapause und der Magnetopause, in dem sehr kleine Plasmadichten auftreten, heißt Plasmatrog.

4.22 Der Plasmatrog als Ursprungsort der pc 4-Pulsationen

Mit dem Plasmatrog der Magnetosphäre liegt ein Gebiet vor, in dem die pc 4-Pulsationen ihren Ursprung haben könnten. In diesem nach innen durch die Plasmapause und nach außen durch die Magnetopause begrenzten Gebiet sollte das Auftreten hydromagnetischer Schwingungen mit diskreten Frequenzen möglich sein. Bei vorgegebener Periode von einer Minute kann man die Plasmadichte berechnen. Die folgenden Abschnitte werden zeigen, daß sich für die Plasmadichte im Plasmatrog Werte von wenigen Protonen pro cm^3 ergeben. Das stimmt mit anderen Beobachtungen gut überein.

Bei Annahme des Plasmatrogs als Ursprungsort der pc 4-Pulsationen lassen sich einige Eigenschaften zwanglos erklären. Bei Anregung durch den solaren Wind sollte das Plasma des Plasmatrogs Schwingungen mit überall gleicher Periode ausführen. Erwartet wird somit, daß die davon herrührenden Pulsationen überall mit gleicher Periode beobachtet werden. Ferner liegt der Plasmatrog weit außerhalb der Erde. Deshalb sollten die dort entstehenden Pulsationen in einem großen Gebiet der Erde gleichzeitig beobachtet werden. Da der Plasmatrog als zweiseitig scharf begrenztes Gebiet nur auf der Tagseite der Erde existiert, ist verständlich, daß die pc 4-Pulsationen vorwiegend tagsüber auftreten. Andererseits ist es erklärlich, daß sich Schwingungen eines derart großen Gebietes ab und zu auch auf die Nachtseite der Erde fortpflanzen können. Schließlich ist es bei Schwingungen eines in der Magnetosphäre weit außen liegenden und damit häufigen Störungen ausgesetzten Gebietes verständlich, daß dadurch hervorgerufene Pulsationen verhältnismäßig selten und oft auch weniger regelmäßig sind als zum Beispiel pc 3-Pulsationen, deren Ursprung in der unteren Magnetosphäre vermutet wird.

Weiter werden die Pulsationen sowohl in der H- wie in der D-Komponente auftreten, da die sonst vielfach angenommene Vereinfachung, daß die Schwingungen vom Azimut unabhängig sind, in einem so großen Gebiet nicht zulässig sein dürfte. Bei den Berechnungen in den folgenden Abschnitten ergibt sich qualitativ der beobachtete Verlauf des Amplitudenverhältnisses D/H in Abhängigkeit von der geomagnetischen Breite. Schließlich sind die auftretenden Phasenunterschiede an den verschiedenen Beobachtungsstationen nicht unverständlich, wenn man bedenkt, daß die hydromagnetischen Wellen bei ihrer Ausbreitung zur Erde noch mannigfache Veränderungen erleiden.

Es sollen nun die Schwingungen des Plasmatrogs rechnerisch erfaßt werden. Das ist ein kompliziertes Problem, und deshalb ist auch die in den folgenden Abschnitten durchgeführte Berechnung nur als grobe Näherung an die wirklichen Verhältnisse anzusehen. An verschiedenen Stellen wird darauf noch ausdrücklich hingewiesen.

4.23 Beschreibung des Modells

Im Anhang 1 wird gezeigt, daß für hydromagnetische Schwingungen mit Vernachlässigungen folgende Grundgleichung gilt:

$$\mathbf{F} \times \operatorname{rot} \operatorname{rot} (\mathbf{F} \times \mathbf{v}) = \frac{F^2}{V_A^2} \frac{\partial^2 \mathbf{v}}{\partial t^2} \quad . \tag{1}$$

Dabei ist $\mathbf{F}$ das ungestörte Magnetfeld, $\mathbf{v}$ die Geschwindigkeit des Plasmas, V_A die Alfvéngeschwindigkeit und t die Zeit.

Um die hieraus folgenden Differentialgleichungen für die Geschwindigkeitskomponenten einer Integration zugänglich zu machen, wird für den Plasmatrog ein stark vereinfachtes Modell betrachtet (siehe Abbildung 15). Plasmapause und Magnetopause werden als Teile von konzentrischen Kugelflächen angenommen. Der Plasmatrog wird dann ungefähr durch die Hälfte einer Kugelschale zwischen rund 4 und 10 Erdradien Entfernung gebildet, wobei die genaue Lage der Grenzflächen noch nicht festgelegt ist. Eine grobe Vereinfachung ist dabei vor allem die Annahme einer Kugelfläche für die Plasmapause, die eher der Dipolgeometrie des Magnetfeldes folgt. Es ist zu erwarten, daß deshalb die Ergebnisse besonders in hohen Breiten stark von der Wirklichkeit abweichen werden.

Als weitere Vereinfachung wird im gesamten Plasmatrog ein Dipolfeld als Magnetfeld angenommen, was nach Abschnitt 4.21 eigentlich nur bis zu einer Entfernung von ungefähr 7 Erdradien gerechtfertigt ist. Da weit außen liegende Feldlinien die Erdoberfläche in hohen Breiten durchstoßen, ist wiederum eine schlechte Darstellung der wahren Verhältnisse für hohe Breiten zu erwarten. Bei einer Behandlung der hohen Atmosphäre ist weiter die Annahme einfacher Potenzgesetze für die Dichteverteilung üblich. Zuge-

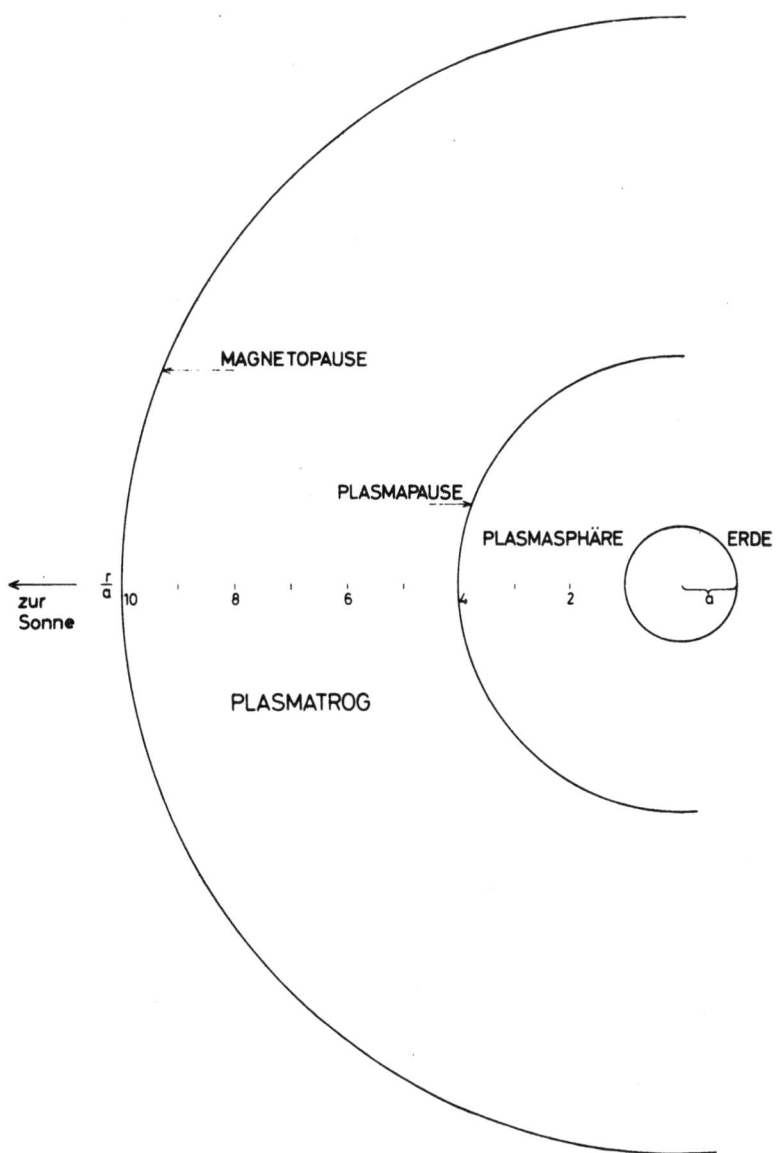

Abb. 15: Modell der Magnetosphäre (Äquatorebene) zur Deutung erdmagnetischer pc 4-Pulsationen.

fügt wird ein Faktor, der eine geringe Abhängigkeit der Dichte von der geomagnetischen Breite bewirkt:

$$\rho = \rho_o (1 + 3 \cos^2 \vartheta) \left(\frac{r}{a}\right)^{-m} . \qquad (2)$$

In Gleichung (2) ist ρ die Dichte, ϑ die Poldistanz, r der Radiusvektor und a der Erdradius. Die Potenz m ist ein frei wählbarer Parameter.

Für alle Größen, die die hydromagnetischen Schwingungen beschreiben, wird harmonische Änderung vorausgesetzt. Damit kann in Gleichung (1) die doppelte Ableitung nach der Zeit durch $-\omega^2$ ersetzt werden (ω = Kreisfrequenz). Mit diesen Vereinfachungen erhält man Gleichungen für die Geschwindigkeitskomponenten. Als Komponenten, die der Dipolgeometrie des Magnetfeldes angepaßt sind [SIEBERT 1965], werden verwendet

v_t = Komponente tangential zum Magnetfeld,
v_n = Komponente normal zum Magnetfeld und
v_b = Komponente binormal zum Magnetfeld.

Wegen des Vektorproduktes mit **F** in Gleichung (1) muß die Tangentialkomponente der Geschwindigkeit verschwinden:

$$v_t = 0 \tag{3}$$

Man führt Kugelkoordinaten r, ϑ, φ ein und setzt weiter $\mu = \cos\vartheta$. Damit erhält man folgendes System gekoppelter partieller Differentialgleichungen für hydromagnetische Schwingungen, die erstmals von DUNGEY [1954] aufgestellt wurden:

$$\left[r^2 \frac{\partial^2}{\partial r^2} - 2r \frac{1-\mu^2}{2\mu} \frac{\partial^2}{\partial r \partial \mu} + \left(\frac{1-\mu^2}{2\mu}\right)^2 \frac{\partial^2}{\partial \mu^2} + \frac{1+3\mu^2}{4\mu^2(1-\mu^2)} \frac{\partial^2}{\partial \varphi^2} - \frac{1+5\mu^2}{2\mu^2} r \frac{\partial}{\partial r} + \frac{3(1-\mu^2)}{2\mu} \frac{\partial}{\partial \mu} + \frac{\omega^2 r^2 (1+3\mu^2)}{4\mu^2 v_A^2} + \frac{3(1+4\mu^2)}{4\mu^2} \right] v_b = -\frac{(1+3\mu^2)^{1/2}}{4\mu^2} \left[r \frac{\partial}{\partial r} + 2\mu \frac{\partial}{\partial \mu} - \frac{2(1+3\mu^4)}{(1-\mu^2)(1+3\mu^2)} \right] \frac{\partial v_n}{\partial \varphi} \tag{4}$$

$$\left[r^2 \frac{\partial^2}{\partial r^2} - 4r \frac{\partial}{\partial r} + (1-\mu^2) \frac{\partial^2}{\partial \mu^2} + \frac{4\mu(1-3\mu^2)}{1+3\mu^2} \frac{\partial}{\partial \mu} + \frac{\omega^2 r^2}{v_A^2} + \frac{4(2+3\mu^2-9\mu^6)}{(1-\mu^2)(1+3\mu^2)^2} \right] v_n = $$
$$= -(1+3\mu^2)^{-1/2} \left[r \frac{\partial}{\partial r} + 2\mu \frac{\partial}{\partial \mu} - \frac{1-3\mu^2}{1-\mu^2} \right] \frac{\partial v_b}{\partial \varphi} \tag{5}$$

Die Gleichungen (4) und (5) werden meistens mit der willkürlichen Annahme entkoppelt, daß keine azimutale Abhängigkeit besteht, also der Operator $\partial/\partial\varphi$ gleich Null gesetzt werden kann. Ersichtlich verschwinden dann die rechten Seiten von (4) und (5) und es ist (4) eine Gleichung für v_b und (5) eine Gleichung für v_n allein. Nach Anhang 4 (A 43a, b) entspricht dann auch v_b der D-Komponente und v_n der H-Komponente der Pulsationen. Für die pc 4-Pulsationen wurde aber ein enger Zusammenhang zwischen der H- und der D-Komponente gefunden, der als wesentliches Merkmal dieser Pulsationen anzusehen ist. Deshalb sind die Gleichungen (4) und (5) gekoppelt zu behandeln. Als Randbedingungen werden das Verschwinden der Geschwindigkeitskomponenten sowohl an der Plasmapause, wo ein großer Dichtegradient auftritt, als auch an der recht stabilen Magnetopause gefordert.

Es stellt sich also das Problem, eine Lösung der gekoppelten Differentialgleichungen (4) und (5) zu finden, die folgende Randbedingungen erfüllt:

$$v_n(r_P, \mu, \varphi) = v_n(r_M, \mu, \varphi) = 0 \tag{6}$$

$$v_b(r_P, \mu, \varphi) = v_b(r_M, \mu, \varphi) = 0 \tag{7}$$

Dabei sind r_P und r_M die Radien der angenommenen Kugelflächen für die Plasmapause und die Magnetopause.

4.24 Ergebnisse der Rechnung und Vergleich mit den Beobachtungsergebnissen

Der Weg zu einer Lösung der gekoppelten Differentialgleichungen (4) und (5) ist im Anhang 2 beschrieben. Man erhält:

$$v_n = v_o \left(\frac{r}{a}\right)^{5/2} Z_{3/(8-m)}(x) \left(\frac{1-\mu^2}{1+3\mu^2}\right)^{1/2} \left[\varphi_o^2 - \varphi^2 + \frac{\ln(x)}{(8-m)(1-\mu^2)} + B(\mu)\right] \quad (8)$$

$$v_b = -v_o \left(\frac{r}{a}\right)^{5/2} Z_{3/(8-m)}(x) (1-\mu^2)^{-1/2} \cdot \varphi \quad (9)$$

Dabei ist

$$B(\mu) = -\frac{9}{4}\frac{\mu^2}{1-\mu^2} + \frac{\mu}{1-\mu^2} \ln\left(\frac{1+\mu}{1-\mu}\right) + \frac{1}{4}\left(\ln\frac{1+\mu}{1-\mu}\right)^2 .$$

$B(\mu)$ verschwindet am Äquator und gewinnt erst in höheren Breiten Einfluß. v_o ist eine beliebige Konstante von der Dimension einer Geschwindigkeit. φ_o^2 ist eine Konstante von der Größenordnung 1. $Z_{3/(8-m)}(x)$ ist eine Zylinderfunktion, genauer eine Linearkombination der Besselschen und der Neumannschen Funktion der Ordnung $3/(8-m)$. Das Argument der Zylinderfunktion ist

$$x = (4\pi\rho_o)^{1/2} \frac{a\omega}{H_o(4-\frac{m}{2})} \left(\frac{r}{a}\right)^{4-m/2} .$$

ρ_o ist eine Modellgröße, die die Plasmadichte im Plasmatrog nach Gleichung (2) bestimmt, a ist der Erdradius, ω die Kreisfrequenz und H_o die magnetische Feldstärke am Äquator an der Erdoberfläche. Die Lösung (Gleichungen 8 und 9) ist symmetrisch zum Äquator ($\mu = 0$). Der Anwendungsbereich ist in den Anhängen 2 und 4 beschrieben. Die Lösung gilt näherungsweise in der Umgebung der Grenzflächen. Weiter darf die Lösung nur bis zu etwa 70° geomagnetischer Breite angewendet werden, da v_n und v_b infolge des einfachen zugrunde gelegten Modells zu hohen Breiten hin sehr groß werden. Physikalisch sinn-

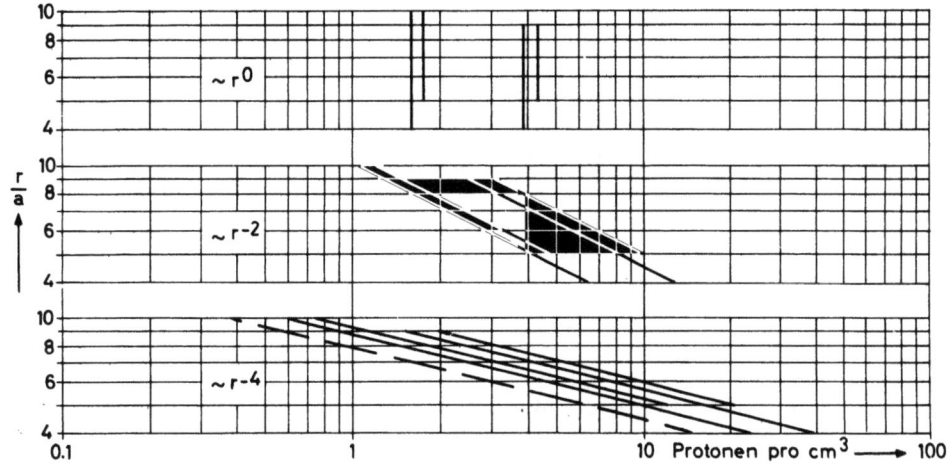

Abb. 16: Verlauf der Plasmadichte im Plasmatrog aus der Deutung erdmagnetischer pc 4-Pulsationen (Periode = 60 Sekunden). Die Dichte ist für 3 verschiedene Dichtegesetze berechnet. Die Plasmapause wurde bei 4 oder 5 Erdradien Entfernung angenommen, die Magnetopause bei 9 oder 10 Erdradien Entfernung. Das ergibt jeweils die 4 Kombinationsmöglichkeiten (4,9), (4,10), (5,9) und (5,10) mit nur wenig verschiedenen Werten für die Plasmadichte. Gestrichelt eingezeichnet sind Werte für die Plasmadichte aus Whistler-Beobachtungen [ANGERAMI 1966].

voll lassen sich mit dem beschriebenen Modell ohnehin nur Beobachtungsergebnisse bis in die Nähe der Polarlichtzone deuten. In azimutaler Richtung darf die Lösung nur etwa bis $\varphi \approx \varphi_o$ angewendet werden.

Die Randbedingungen (6) und (7) lassen sich bei vorgegebener Periode nur für bestimmte Werte der Dichte erfüllen. Wegen der Berechnung der Eigenwerte sei auf Anhang 3 verwiesen. Die beobachtete Periode von einer Minute wird vorgegeben und die daraus folgende Plasmadichte ausgerechnet. Da die hohe Atmosphäre fast nur aus Protonen und Elektronen besteht, deren Zahl wegen der Quasineutralität gleich ist, kann die Dichte durch die Zahl der Protonen pro cm^3 beschrieben werden. In Abbildung 16 ist die Dichteverteilung im Plasmatrog für verschiedene Modelle dargestellt. Parameter sind die Lage der Magnetopause (10 und 9 Erdradien Entfernung), die Lage der Plasmapause (5 und 4 Erdradien Entfernung) und das Potenzgesetz für die Dichte (m = 0, 2, 4). Man sieht, daß die Plasmadichte nur wenig von der Lage der Grenzflächen abhängig ist, insbesondere von der Lage der Plasmapause. Das bedeutet auch, daß bei vorgegebener Plasmadichte die Periode wenig von der Lage der Grenzflächen abhängig wäre. Obgleich sich die Lage der Plasmapause nach Abschnitt 4.21 bei zunehmender erdmagnetischer Unruhe beachtlich verschiebt, sollte sich also dabei die Periode nur wenig ändern. In Übereinstimmung damit ergaben die Untersuchungen des Abschnitts 2.2 (Abb. 2), daß die Häufigkeitsverteilung der pc 4-Pulsationen in Abhängigkeit von der Periode nur wenig vom erdmagnetischen Störungsgrad abhängig ist. Man sieht weiter in Abbildung 16, daß die Dichte durchweg im Bereich von 1 bis 10 Protonen pro cm^3 liegt. Dieser Wert stimmt mit anderen Beobachtungen gut überein. ANGERAMI [1966] gibt zum Beispiel in einer Untersuchung der Dichteverteilung im Plasmatrog vor allem Dichtegesetze proportional zur 4. Potenz des Radiusvektors an. In derselben Arbeit wird aus Whistler-Beobachtungen für den Nachmittag eine Dichte von 15 Elektronen pro cm^3 an der Plasmapause angegeben. Die aus diesen Angaben berechnete Dichteverteilung ist in Abbildung 16 zusätzlich als gestrichelte Linie eingezeichnet. Man sieht, daß eine befriedigende Übereinstimmung mit den aus den pc 4-Pulsationen berechneten Dichteverteilungen besteht. Ähnliche Werte ergeben sich auch aus der Beobachtung und Deutung von pc 1-Pulsationen [WATANABE 1965, WENTWORTH 1966, LIEMOHN et al. 1967]. Auch die sehr kleinen Dichten für Dichtegesetze proportional zur 4. Potenz sind nicht unvernünftig, da andere Beobachtungen bereits Dichten bis zu 0,5 Protonen pro cm^3 ergaben [ANGERAMI 1966, LAZARUS et al. 1968].

Aus der Lösung für die Geschwindigkeitskomponenten wird das Magnetfeld **h** berechnet. Man erhält nach Anhang 4:

$$\text{rot}\,(\mathbf{v} \times \mathbf{F}) = \frac{\partial \mathbf{h}}{\partial t} \,. \tag{10}$$

Für die Komponenten H, D und Z des Magnetfeldes an der Plasmapause ergeben sich:

$$H = h_o (1-\mu^2)^{1/2} \left(\varphi_o^2 - \varphi^2 + \frac{\ln(P)}{(8-m)(1-\mu^2)} + B(\mu) \right) \tag{11}$$

$$D = -h_o\, 2\mu (1-\mu^2)^{-1/2} \cdot \varphi \tag{12}$$

$$Z = 0 \,. \tag{13}$$

Dabei ist h_o eine beliebige Konstante und P der Wert, den das Argument x der Zylinderfunktion an der Plasmapause annimmt.

Um einen Vergleich mit den Beobachtungen zu ermöglichen, muß man wieder zu Vereinfachungen greifen. Die Struktur der Plasmasphäre ist sehr kompliziert [SIEBERT 1964]. Es ist schwierig abzuschätzen, was bei der Ausbreitung der hydromagnetischen Wellen zur Erde hin passiert, da sie auch beim Durchgang durch die Ionosphäre noch in komplizierter Weise beeinflußt werden [siehe z.B. DUNGEY 1954, FIELD et al. 1965, GREIFINGER et al. 1965]. Es wird deshalb grob vereinfachend angenommen, daß die H- und die D-Komponente des Magnetfeldes beim Durchgang der hydromagnetischen Wellen durch die

Plasmasphäre und die Ionosphäre in gleicher Weise beeinflußt werden, zum Beispiel mit den gleichen Faktoren zu multiplizieren wären. Bestenfalls kann man dann erwarten, daß das Amplitudenverhältnis D/H an der Erdoberfläche dem an der Plasmapause ähnlich sein sollte. Für dieses Verhältnis erhält man aus den Gleichungen (11) und (12) unter Außerachtlassung des Minuszeichens bei der D-Komponente:

$$D/H = 2\mu\varphi \left[(1-\mu^2)\left(\varphi_o^2 - \varphi^2 + \frac{\ln(P)}{(8-m)(1-\mu^2)} + B(\mu)\right)\right]^{-1} . \qquad (14)$$

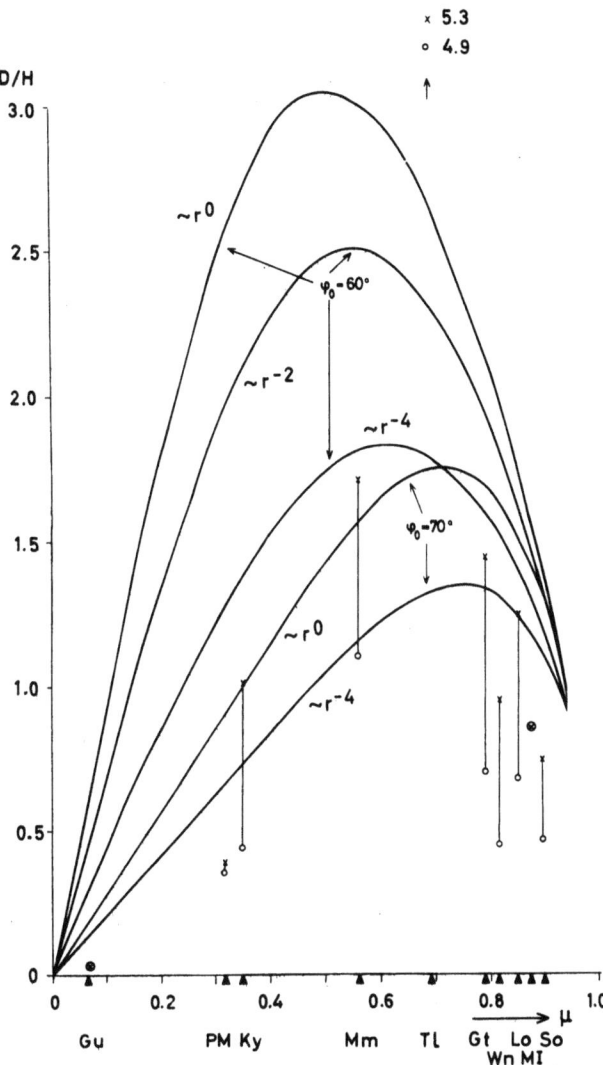

Abb. 17:
Das Amplitudenverhältnis D/H erdmagnetischer Pulsationen, berechnet für verschiedene Modelle. Die Kurven gelten für 9 Uhr und 15 Uhr Ortszeit. Die Lage der Plasmapause ist bei 4 Erdradien Entfernung angenommen, die der Magnetopause bei 10 Erdradien Entfernung. Eingezeichnet sind auch beobachtete Werte, die aus Abbildung 14 entnommen wurden (Kreuze = 9 Uhr-Werte, Kreise = 15 Uhr-Werte).

Bei Änderung der verschiedenen Parameter ergeben sich Modellkurven, die in Abbildung 17 für $\varphi = 45°$, also für 9 Uhr und für 15 Uhr Ortszeit dargestellt sind. Die Anwendbarkeit der Kurven ist nach Anhang 4 auf Breiten bis etwa $70°$ ($\mu = 0,94$) beschränkt. Eingezeichnet sind auch beobachtete Werte, die aus Abbildung 14 entnommen wurden. Kreuze bedeuten die Werte von 9 Uhr Ortszeit und Kreise die von 15 Uhr. Zwischen beiden Werten variiert nach Abbildung 14 das Amplitudenverhältnis D/H ungefähr im Lauf des Tages.

Man sieht in Abbildung 17 zunächst, daß man auch bei einer Änderung der Parameter ähnliche Kurven erhält. Das Amplitudenverhältnis D/H sollte von Null am Äquator zu einem Maximum in mittleren Breiten anwachsen und dann zu höheren Breiten hin wieder abnehmen. Der berechnete Verlauf des D/H-Verhältnisses stimmt also qualitativ mit dem beobachteten überein. Mehr als qualitative Übereinstimmung kann man aber bei dem einfachen Modell nicht erwarten. Untersucht wurde auch die Abhängigkeit des D/H-Verhältnisses von der Lage der Magnetopause und der Plasmapause. Wie schon bei der Bestimmung der Plasmadichte im Plasmatrog ergibt sich auch für das D/H-Verhältnis eine nur geringe Abhängigkeit von der Lage der Grenzflächen. Die Kurven in Abbildung 17 sind deshalb nur für das Modell gezeichnet, in dem die Magnetopause in 10 Erdradien Entfernung liegt und die Plasmapause in 4 Erdradien Entfernung. Wie eben erläutert wurde, weichen die Kurven für andere Lagen der Grenzflächen nicht wesentlich davon ab.

5. Zusammenfassung

Im Jahr 1964 wurden an der Station Göttingen langperiodische Pulsationen mit einem dafür besonders geeigneten Variometer registriert. Dabei wurde ein neuer Pulsationstyp gefunden. Es stellte sich heraus, daß tagsüber neben den vorherrschenden pc 3-Pulsationen mit Perioden um 30 Sekunden auch Pulsationen mit Perioden um 60 Sekunden relativ häufig auftreten. Bei diesen Pulsationen fällt ferner auf, daß ihre durchschnittliche Amplitude verhältnismäßig groß ist und bei wachsender erdmagnetischer Unruhe systematisch zunimmt.

Das weltweite Auftreten dieses Pulsationstyps wurde untersucht. Dazu dienten gleichzeitige Registrierungen an 14 geomagnetischen Stationen aus den Monaten September und Dezember 1964. Für die Pulsationen im Periodenbereich um eine Minute wurden die folgenden Eigenschaften gefunden.

Die Pulsationen treten gleichzeitig in einem großen Bereich der Erde auf. Dieser Bereich kann große Teile der Tagseite der Erde und Teile der Nachtseite umfassen. Vorwiegend werden die Pulsationen aber auf der Tagseite registriert. In Übereinstimmung damit zeigte eine gesonderte Untersuchung der Tagesgänge für die Station Göttingen, daß die Häufigkeit und die Amplitude der Pulsationen tagsüber besonders groß ist. Weiter wurde nach einem Zusammenhang zwischen diesen Pulsationen und erdmagnetischen Baystörungen gesucht, wie er zum Beispiel für pi 2-Pulsationen typisch ist. Es wurde aber festgestellt, daß zwischen den untersuchten Pulsationen und erdmagnetischen Baystörungen kein Zusammenhang besteht. Da die hier behandelten Pulsationen außerdem vorwiegend tagsüber auftreten, lassen sie sich nicht als pi 2-Pulsationen deuten. Ihrer Periode und dem Erscheinungsbild nach sind sie vielmehr als pc 4-Pulsationen zu klassifizieren.

Die Periode der pc 4-Pulsationen ist an allen Stationen gleich. Diese Eigenschaft muß hervorgehoben werden, weil Pulsationstypen bekannt sind, deren Periode von der geomagnetischen Breite abhängt. Die Häufigkeit der Pulsationen ist bei einer Periode zwischen 54 und 60 Sekunden am größten.

Die Pulsationen treten gleichzeitig in der D- und in der H-Komponente auf und verlaufen dort weitgehend gleichartig. Deshalb wurde auch das Amplitudenverhältnis D/H untersucht. Gefunden wurde für D/H eine systematische Abhängigkeit von der geomagnetischen Breite. Das Amplitudenverhältnis D/H ist am Äquator sehr klein. Es wird bei zunehmender geomagnetischer Breite größer und weist in mittleren Breiten ein Maximum auf. Dort ist die D-Komponente im Durchschnitt sogar größer als die H-Komponente. Zu höheren Breiten hin wird das Amplitudenverhältnis D/H wieder kleiner. Bis auf wenige Ausnahmen verlaufen die Tagesgänge des Amplitudenverhältnisses D/H für alle Stationen ähnlich. Im Tagesgang weist D/H ein Vormittagsmaximum auf und nimmt zum Nachmittag hin monoton ab.

Zur Deutung der pc 4-Pulsationen wird der Aufbau der Magnetosphäre betrachtet. Das Gebiet zwischen der Plasmapause und der Magnetopause, in dem sehr kleine Plasmadichten auftreten, heißt Plasmatrog. Als Ursprung der untersuchten Pulsationen werden Eigenschwingungen des Plasmatrogs angenommen. Damit können wesentliche Beobachtungsergebnisse für die pc 4-Pulsationen verstanden werden.

Der Plasmatrog existiert als zweiseitig scharf begrenztes Gebiet nur auf der Tagseite der Erde, und deshalb sollten die pc 4-Pulsationen vorwiegend tagsüber auftreten. Für ein einfaches Modell der Magnetosphäre wird eine Näherungslösung des gekoppelten Gleichungssystems für hydromagnetische Schwingungen angegeben. Da die pc 4-Pulsationen im Periodenbereich um eine Minute ein Häufigkeitsmaximum aufweisen, wird die aus einer Periode von 60 Sekunden folgende Plasmadichte im Plasmatrog ausgerechnet. Für die Plasmadichte ergeben sich Werte von wenigen Protonen pro cm^3. Solche Werte erhält man auch aus Whistler-Beobachtungen, aus der Deutung anderer Arten von Pulsationen und aus Messungen mit Raumsonden. Weiter wird das Magnetfeld berechnet und der aus dem Modell folgende Verlauf des Amplitudenverhältnisses D/H in Abhängigkeit von der geomagnetischen Breite bestimmt. Qualitativ stimmt der berechnete Verlauf mit dem beobachteten überein.

Summary

In 1964 geomagnetic pulsations with periods between 50 and 200 seconds have been recorded at Göttingen with a variometer of the Grenet type. By statistical investigation the existence of a specific type of pulsations has been shown. During daytime, pulsations with periods of about 1 minute are relatively frequent. Nevertheless, it should be noted that these pulsations are considerably less frequent than are the well-known pc 3-pulsations with periods of about 30 seconds. Furthermore, the above-mentioned pulsations have remarkably large amplitudes, which increase systematically with increasing geomagnetic activity.

A detailed investigation of the pulsations with periods of about 1 minute, on a worldwide scale, has been performed by means of simultaneous recordings at 14 geomagnetic observatories during september and december, 1964. For Wingst and Göttingen the original induction-type magnetograms have been studied, whereas for 12 observatories microfilm copies of rapid-run magnetograms and of induction-type magnetograms were obtained from World-Data-Center WDC-C1. The following characteristics have been found.

The pulsations investigated occur simultaneously on a wide region of the earth, predominantly on the daylight hemisphere but sometimes also in parts of the dawn and dusk zones. This result agrees with the observational fact that the occurrence-frequency of the pulsations at Göttingen is higher and the amplitudes are larger at daytime than during the night. In addition, the correlation between these pulsations and geomagnetic bay-disturbances was investigated. A remarkably positive correlation, as it is typical for the well-known pi 2-pulsations (pt's), could not be detected for the pulsations of the new type. For these reasons they cannot be classified as pi 2-pulsations. They rather must be specified, by their periods and general characteristics, as pc 4-pulsations.

The period of these pulsations is the same for all observatories. This has to be stressed, since also certain types of pulsations are known with latitude-dependent periods. It has been found that the occurrence-frequency of the pc 4-pulsations has a maximum for periods between 54 and 60 seconds. The pulsations occur simultaneously in the D- and H-components with almost equal characteristics. Therefore, also the coupling between D and H was investigated. For the amplitude ratio D/H a systematic variation has been discovered. It is very small at the geomagnetic equator and increases with increasing geomagnetic latitude until it reaches a maximum in middle latitudes. There, on the average, the D-component is even larger than the H-component. At higher latitudes the ratio D/H decreases again. With only few exceptions the amplitude ratio shows equal appearance at all stations in the course of the day. The ratio D/H reaches a maximum in the forenoon and then decreases monotonously till about 17 hours local time.

For the explanation of the pc 4-pulsations the properties of the magnetosphere are considered. Within the region between plasmapause and magnetopause the plasma-density is very low ("plasma-trough"). Eigenoscillations of this plasma-trough give a possible explanation for prominent features of the pc 4-pulsations. The plasma-trough, as a sharply bounded region, exists only on the dayside of the earth. Therefore, pc 4-pulsations should occur predominantly as a daytime phenomenon.

For a simple model of the magnetosphere the coupled equations for hydromagnetic oscillations are solved by approximation. From the observed eigenperiod of about 1 minute the plasma-density in the plasma-trough can be calculated. One obtains values of a few protons per ccm. They are consistent with the results of whistler-methods, deductions from other types of pulsations, and direct measurements of space-probes. Furthermore, the magnetic field disturbance of the pulsations has been calculated as well as the dependence of the amplitude ratio D/H upon the geomagnetic latitude. The results, again, agree qualitatively with the observations.

A.1

Anhang 1

Aufstellung der Gleichungen für hydromagnetische Schwingungen

Die Aufstellung der Gleichungen folgt im wesentlichen den sehr eingehenden Untersuchungen von SIEBERT [1965]. Wegen Einzelheiten und Abschätzungen sei auf diese Arbeit verwiesen. Im folgenden wird durchweg das Gaußsche Maßsystem benutzt.

Bei einer Betrachtung des Plasmas der Magnetosphäre macht man im Frequenzbereich der Pulsationen folgende Vernachlässigungen: Das Plasma wird als unpolarisierbar und unmagnetisierbar angesehen ($\varepsilon = \mu = 1$). Dann braucht im folgenden zwischen magnetischer Feldstärke und Flußdichte nicht unterschieden zu werden und auch nicht zwischen elektrischer Feldstärke und Verschiebungsdichte. Weiter wird das Plasma als quasineutral angesehen, es sollen also gleichviele positive und negative Ladungen anwesend und das Plasma somit im Großen ungeladen sein. Grundsätzlich werden alle Abweichungen vom Gleichgewichtszustand als so klein betrachtet, daß die auftretenden Gleichungen linearisiert werden können, das heißt, daß alle Produkte und höhere als erste Potenzen der den Störungsvorgang beschreibenden Größen zu vernachlässigen sind. Insbesondere sollen also auch auftretende Bewegungen des Plasmas langsam sein. Für das ungestörte Magnetfeld soll gelten:

$$\text{rot } \mathbf{F} = 0 \quad \text{und} \quad \frac{\partial \mathbf{F}}{\partial t} = 0. \qquad (A\,1a,b)$$

Für das Störungsfeld $\mathbf{h}$ soll gelten:

$$|\mathbf{h}| \ll |\mathbf{F}| . \qquad (A\,1c)$$

Es ist zwar problematisch, ob diese Bedingung in den äußersten Bereichen der Magnetosphäre noch gilt (siehe Abschnitt 4.21), sie soll aber angesichts der vielen anderen Vereinfachungen dennoch als Näherung angenommen werden.

Vernachlässigt wird weiter der Verschiebungsstrom. Dann ist der Zusammenhang zwischen Magnetfeld $\mathbf{h}$ und Stromdichte $\mathbf{j}$:

$$\text{rot } \mathbf{h} = \frac{4\pi}{c} \mathbf{j} . \qquad (A\,2)$$

Das Induktionsgesetz liefert den Zusammenhang zwischen elektrischem Feld $\mathbf{E}$ und Magnetfeld $\mathbf{h}$:

$$\text{rot } \mathbf{E} = -\frac{1}{c} \frac{\partial \mathbf{h}}{\partial t} . \qquad (A\,3)$$

Bei einer Bewegung des Plasmas mit der Geschwindigkeit $\mathbf{v}$ und bei endlicher Leitfähigkeit σ erhält man für die Stromdichte $\mathbf{j}$:

$$\mathbf{j} = \sigma(\mathbf{E} + \mathbf{v} \times \mathbf{F}/c) . \qquad (A\,4)$$

Bei Anwendung auf das Plasma der Magnetosphäre kann man zum Grenzfall unendlich guter Leitfähigkeit übergehen. Da dabei die Stromdichte endlich bleiben soll, erhält man aus (A4):

$$\mathbf{E} = -\mathbf{v} \times \mathbf{F}/c . \qquad (A\,5)$$

Vernachlässigt werden weiter der Gasdruck gegen den magnetischen Druck und alle mechanischen Kräfte gegen die Lorentz-Kraft. Damit erhält man die Bewegungsgleichung:

$$\rho \frac{\partial \mathbf{v}}{\partial t} = \mathbf{j} \times \mathbf{F}/c \, , \qquad (A\,6)$$

wobei ρ die Dichte des ungestörten Plasmas ist.

Aus den 4 Gleichungen (A 2), (A 3), (A 5) und (A 6) eliminiert man $\mathbf{h}, \mathbf{j}$ und $\mathbf{E}$. Man reduziert die 4 Gleichungen zunächst auf 2, in dem man $\mathbf{j}$ aus (A 6) mit Hilfe von (A 2) eliminiert und die gewonnene Beziehung nach der Zeit differenziert. Ferner setzt man (A 5) in (A 3) ein. Die letztere dieser beiden Gleichungen setzt man sodann in die erstere ein und erhält unter Einführung der Alfvéngeschwindigkeit

$$V_A = F/(4\pi\rho)^{1/2} \qquad (A\,7)$$

die in Abschnitt 4.23 angegebene Grundgleichung für hydromagnetische Wellen:

$$\mathbf{F} \times \mathrm{rot}\,\mathrm{rot}\,(\mathbf{F} \times \mathbf{v}) = \frac{F^2}{V_A^2} \frac{\partial^2 \mathbf{v}}{\partial t^2} \, . \qquad (A\,8)$$

Als Magnetfeld wird weiterhin ein Dipolfeld zugrunde gelegt. Als der Dipolgeometrie angepaßte Komponenten der Geschwindigkeit $\mathbf{v}$ benutzt man die Tangentialkomponente v_t, die Normalkomponente v_n und die Binormalkomponente v_b. Die Differentiationen werden ebenfalls in einem der Dipolgeometrie angepaßten System durchgeführt, nämlich dem des begleitenden Dreibeins, wobei die Tangentialrichtung mit s_1, die Normalrichtung mit s_2 und die Binormalrichtung mit s_3 bezeichnet sei. In diesem System treten folgende nur von der Geometrie des Dipolfeldes abhängige Strukturgrößen auf [SIEBERT 1965]:

$$\eta = \frac{1}{F} \frac{\partial F}{\partial s_1} \, , \qquad \varkappa = \frac{1}{F} \frac{\partial F}{\partial s_2} \, , \qquad (A\,9a,b)$$

$$\delta = \frac{1}{\varkappa}\left(\frac{\partial \varkappa}{\partial s_1} - \frac{\partial \eta}{\partial s_2}\right) \, , \qquad \varepsilon = \frac{1}{\eta + 2\delta} \cdot \frac{\partial \delta}{\partial s_2} \, . \qquad (A\,9c,d)$$

Damit ergeben sich aus (A 8) Gleichungen für die einzelnen Komponenten der Geschwindigkeit $\mathbf{v}$. Man nimmt nun für $\mathbf{v}$ und die anderen Größen, die die hydromagnetischen Schwingungen beschreiben, harmonische Abhängigkeit an (ω = Kreisfrequenz). Wegen des Vektorproduktes mit $\mathbf{F}$ in (A 8) folgt dann zunächst $v_t = 0$, und weiter folgen die beiden Gleichungen für v_n und v_b:

$$\left(\frac{\partial^2}{\partial s_1^2} + \frac{\partial^2}{\partial s_3^2} + \eta\frac{\partial}{\partial s_1} + \frac{\omega^2}{V_A^2} + \varepsilon\varkappa - \delta\eta\right) v_b = \left(-\frac{\partial^2}{\partial s_3 \partial s_2} + (\varepsilon - \varkappa)\frac{\partial}{\partial s_3}\right) v_n \qquad (A\,10)$$

$$\left(\frac{\partial^2}{\partial s_1^2} + \frac{\partial^2}{\partial s_2^2} + \eta\frac{\partial}{\partial s_1} + (\varkappa - \varepsilon)\frac{\partial}{\partial s_2} + \frac{\omega^2}{V_A^2} + \varkappa^2 + (\eta + \delta)^2 - \varepsilon^2\right) v_n = \left(-\frac{\partial^2}{\partial s_2 \partial s_3}\right) v_b \, . \qquad (A\,11)$$

Falls keine azimutale Abhängigkeit der Geschwindigkeit vorliegt, gilt $\partial/\partial s_3 = 0$ und die Gleichungen (A 10) und (A 11) werden entkoppelt. Zur Erklärung der Eigenschaften der pc 4-Pulsationen sind sie jedoch gekoppelt zu behandeln. Für spezielle Probleme sind die Gleichungen (A 10) und (A 11) sehr geeignet, da sie Größen enthalten, die unmittelbar der Geometrie des Magnetfeldes angepaßt sind. Dies war auch der Ausgangspunkt zur Lösung des vorliegenden Problems. Es zeigte sich jedoch, daß in diesen Gleichungen keine weiteren Vereinfachungen gemacht zu werden brauchen. Man schreibt sie deshalb auf Kugelkoordinaten r, ϑ, φ um. Unter Einführung von $\mu = \cos\vartheta$ erhält man dann die in Abschnitt 4.23 angegebenen Differentialgleichungen (4) und (5).

Anhang 2

Berechnung der Näherungslösung

Bei einer Dichteverteilung (a = Erdradius)

$$\rho = \rho_o (1+3\mu^2) \left(\frac{r}{a}\right)^{-m} \tag{A 12}$$

und einem magnetischen Dipolfeld (H_o = Feldstärke am Äquator)

$$F = \frac{H_o a^3}{r^3} (1+3\mu^2)^{1/2} \tag{A 13}$$

ergibt sich für das Quadrat der Alfvéngeschwindigkeit:

$$V_A^2 = \frac{H_o^2}{4\pi\rho_o} \left(\frac{r}{a}\right)^{m-6} \tag{A 14}$$

Man führt weiter ein:

$$x = (4\pi\rho_o)^{1/2} \frac{a\omega}{H_o(4-\frac{m}{2})} \left(\frac{r}{a}\right)^{4-m/2} . \tag{A 15}$$

Damit lassen sich die auf Kugelkoordinaten umgeschriebenen Gleichungen (4) und (5) des Abschnitts 4.23 umformen. Unter Einführung eines beliebigen Parameters v_o von der Dimension einer Geschwindigkeit erhält man nach einiger Rechnung aus Gleichung (4):

$$\begin{aligned}
&\left[(4-\tfrac{m}{2})^2 x^2 \frac{\partial^2}{\partial x^2} - 2(4-\tfrac{m}{2}) x \frac{1-\mu^2}{2\mu} \frac{\partial^2}{\partial x \partial \mu} + \left(\frac{1-\mu^2}{2\mu}\right)^2 \frac{\partial^2}{\partial \mu^2} + \frac{1+3\mu^2}{4\mu^2(1-\mu^2)} \frac{\partial^2}{\partial \varphi^2} \right. \\
&\left. + (4-\tfrac{m}{2})\left(\frac{11-m}{2} - \frac{1}{2\mu^2}\right) x \frac{\partial}{\partial x} - \frac{1-\mu^2}{\mu} \frac{\partial}{\partial \mu} + \frac{1+3\mu^2}{4\mu^2}(4-\tfrac{m}{2})^2 x^2 - \frac{1-\mu^2}{2\mu^2} \right] \left[\left(\frac{a}{r}\right)^{5/2} \frac{v_b}{v_o} \right] = \\
&= -\frac{1}{4\mu^2} \left[(4-\tfrac{m}{2}) x \frac{\partial}{\partial x} + 2\mu \frac{\partial}{\partial \mu} + \frac{1-5\mu^2}{2(1-\mu^2)} \right] \frac{\partial}{\partial \varphi} \left[\left(\frac{a}{r}\right)^{5/2} (1+3\mu^2)^{1/2} \frac{v_n}{v_o} \right] .
\end{aligned} \tag{A 16}$$

In Gleichung (5) des Abschnitts 4.23 wird noch ein Glied $n'(n'+1)$ addiert und subtrahiert, wobei n' ein beliebiger Parameter ist. Dann erhält man aus Gleichung (5):

$$\begin{aligned}
&\left[(4-\tfrac{m}{2})^2 \left(x^2 \frac{\partial^2}{\partial x^2} + x \frac{\partial}{\partial x} + x^2 - \left(\frac{2n'+1}{8-m}\right)^2 \right) + (1-\mu^2)\frac{\partial^2}{\partial \mu^2} - 2\mu \frac{\partial}{\partial \mu} + n'(n'+1) - \frac{1}{1-\mu^2} \right] \\
&\left[\left(\frac{a}{r}\right)^{5/2} (1+3\mu^2)^{1/2} \frac{v_n}{v_o} \right] = -\left[(4-\tfrac{m}{2}) x \frac{\partial}{\partial x} + 2\mu \frac{\partial}{\partial \mu} + \frac{3+\mu^2}{2(1-\mu^2)} \right] \frac{\partial}{\partial \varphi} \left[\left(\frac{a}{r}\right)^{5/2} \frac{v_b}{v_o} \right] .
\end{aligned} \tag{A 17}$$

Die der Gleichung (A 17) entsprechende Gleichung (A 11) im Anhang 1 bietet den Ansatzpunkt zu einer Lösung des gekoppelten Gleichungssystems. Da die pc 4-Pulsationen vorwiegend tagsüber auftreten, kann man zunächst die besonders übersichtlichen Verhältnisse gegen lokal Mittag betrachten. Anschaulich ist verständlich, daß gegen lokal Mittag das Plasma des Plasmatrogs besonders stark in Normalrichtung angeregt wird, so daß dann v_n wesentlich größer als v_b ist. Wie man abschätzen kann, führt dies zu einer von SIEBERT [1965] als partiell bezeichneten Entkopplung der Gleichungen (A 10) und (A 11). Das bedeutet, daß zwar in (A 10) v_n und v_b gekoppelt bleiben, in (A 11) jedoch das vergleichsweise kleine Glied auf der rechten Seite fortgelassen werden kann. Damit kann auch in Gleichung (A 17) zunächst die rechte Seite, die v_b enthält, gestrichen werden. Dann kann eine exakte Lösung von (A 17) angegeben werden. Man sieht, daß in der Lösung Zylinderfunktionen $Z_k(x)$ der Ordnung $k = (2n' + 1)/(8 - m)$ auftreten werden, wobei $Z_k(x)$ eine Linearkombination der Besselfunktion $J_k(x)$ und der Neumannschen Funktion $N_k(x)$ ist. Weiter treten zugeordnete Kugelfunktionen $P^1_{n'}(\mu)$ der Ordnung 1 auf. Die zugeordneten Kugelfunktionen 2. Art $Q^1_{n'}(\mu)$ sind hier aus physikalischen Gründen nicht brauchbar [WATANABE 1959, CAROVILLANO et al. 1966, RADOSKI 1967]. Es kann dann noch eine beliebige Funktion von φ hinzugefügt werden, die die Kopplung zwischen v_n und v_b vermittelt. Über die azimutale Abhängigkeit der pc 4-Pulsationen liegen noch keine Beobachtungsergebnisse vor. Da v_n aber anschaulich am Mittagsmeridian ein Maximum aufweisen sollte, nimmt man als einfachen Fall eine quadratische Abhängigkeit proportional zu $(\varphi_o^2 - \varphi^2)$ an. Unter Betrachtung des einfachsten Falles mit $n' = 1$, also mit

$$P^1_1(\mu) = (1 - \mu^2)^{1/2} \quad \text{und} \quad k = 3/(8 - m) \tag{A 18a, b}$$

erhält man:

$$v_n = v_o \left(\frac{r}{a}\right)^{5/2} Z_k(x) \left(\frac{1 - \mu^2}{1 + 3\mu^2}\right)^{1/2} (\varphi_o^2 - \varphi^2) \quad . \tag{A 19}$$

Aufgrund der Randbedingungen soll v_n an der Plasmapause und an der Magnetopause verschwinden. Man ersieht aus (A 19), daß deshalb $Z_k(x)$ dort Null sein muß. Das wird im folgenden noch ausgenutzt. Einzelheiten findet man im Anhang 3. v_n wird beiderseits des Mittagsmeridians ($\varphi = 0$) allmählich kleiner. Anschaulich sollte v_n in einiger Entfernung vom Mittagsmeridian sogar kleiner als v_b werden. Deshalb darf die Konstante φ_o^2 nicht allzu groß sein. Aus Gleichung (A 16) ersieht man unter Verwendung von (A 19), daß v_b proportional zu φ wird. Dann kann man abschätzen, daß φ_o^2 von der Größenordnung 1 sein sollte. (A 19) wird wegen der einfachen azimutalen Abhängigkeit die Schwingungen des Plasmatrogs in azimutaler Richtung nicht beliebig weit richtig beschreiben. Als Abschätzung kann die Stelle $\varphi = \varphi_o$, an der v_n verschwindet, als Grenze für die Anwendbarkeit von (A 19) angesehen werden. Dabei wird gleichzeitig die Beschränkung fallengelassen, daß man die Verhältnisse nur gegen lokal Mittag betrachtet.

Der weitere Lösungsweg verläuft jetzt so: Über die azimutale Abhängigkeit sind v_n und v_b gekoppelt. Man setzt (A 19) in (A 16) ein und berechnet v_b. Dabei ergibt sich v_b proportional zu φ, was vernünftig ist, da die Geschwindigkeitskomponente v_b anschaulich am Mittagsmeridian Null sein und dort ihr Vorzeichen wechseln sollte. v_b wird dann in (A 17) eingesetzt, woraus sich noch ein kleines Zusatzglied zu (A 19) ergibt. Dieses Zusatzglied enthält keine azimutale Abhängigkeit mehr. Setzt man es in (A 16) ein, so wird die rechte Seite Null. Bei verschwindender rechter Seite beschreibt aber (A 16) das Auftreten freier azimutaler Schwingungen v_b, die hier nicht interessieren.

Man setzt also (A 19) in (A 16) ein und kann wegen v_b proportional φ zunächst das Glied mit $\partial^2/\partial\varphi^2$ auf der linken Seite fortlassen. Nun wird eine neue Koordinate ξ eingeführt:

$$\xi = \frac{x}{(1 - \mu^2)^{4 - m/2}} \quad . \tag{A 20}$$

Häufig wird dann folgende Koordinatentransformation durchgeführt:

$$(x, \mu, \varphi) \longrightarrow (\xi, \mu, \varphi) \quad .$$

Dann treten in der entstehenden Differentialgleichung nur noch Differentiationen nach μ auf. Hier ist es jedoch zweckmäßiger, μ als Funktion von x und ξ anzusehen und folgende Transformation durchzuführen:

$$(x, \mu, \varphi) \longrightarrow (x, \xi, \varphi) \quad .$$

In der entstehenden Differentialgleichung treten dann nur noch Differentiationen nach x auf, es ist aber nunmehr μ als Funktion von x und von ξ anzusehen, also: $\mu = \mu(x, \xi)$.
Mit der Beziehung

$$\left(\frac{a}{r}\right)^{5/2} \left(\frac{v_b}{v_o}\right) = \varphi \, \mu^{-1/2} (1 - \mu^2)^{-1/2} \, y \tag{A 21}$$

wird noch eine neue abhängige Variable y eingeführt. Damit erhält man nach einiger Rechnung [MADELUNG 1957] die Differentialgleichung:

$$\left[\left(4 - \frac{m}{2}\right)^2 \left(x^2 \frac{\partial^2}{\partial x^2} + x \frac{\partial}{\partial x} + \frac{1 + 3\mu^2}{4 \mu^2} x^2\right) + \frac{3(1 - \mu^2)^2}{16 \mu^4} - \frac{1}{4} \right] y =$$

$$= \frac{1}{4 \mu^{3/2}} \left[(8 - m)(1 - \mu^2) x \frac{dZ_k(x)}{dx} + (1 - 9\mu^2) Z_k(x) \right] \quad . \tag{A 22}$$

Es wird nun zunächst versucht, eine Lösung zu finden, die die Verhältnisse in der besonders interessierenden Umgebung der Grenzflächen richtig beschreibt. Da infolge der Randbedingungen $Z_k(x)$ in der Nähe der Grenzflächen ohnehin klein wird, ist eine Funktion zu suchen, die das Glied mit $dZ_k(x)/dx$ auf der rechten Seite von (A 22) ergibt. Mit dem Ansatz

$$y = f(\mu(x, \xi)) \, Z_k(x)$$

erhält man als Näherungslösung:

$$y = -\mu^{1/2} \, Z_k(x) \quad . \tag{A 23}$$

Setzt man (A 23) in (A 22) ein, so ergibt die linke Seite von (A 22):

$$\frac{1}{4 \mu^{3/2}} \left[(8 - m)(1 - \mu^2) x \frac{dZ_k(x)}{dx} + (1 - 9\mu^2) Z_k(x) - (1 - \mu^2)(4 - m/2)^2 x^2 Z_k(x) \right] \quad .$$

Man sieht, daß die Gleichung (A 22) bis auf ein Restglied proportional $Z_k(x)$ erfüllt ist. In der Umgebung der Grenzflächen wird also (A 22) durch (A 23) gelöst. Um für (A 23) Gültigkeit im ganzen Plasmatrog zu erhalten, wäre ein komplizierteres Gesetz für die Plasmadichte anzunehmen. Somit ist die Lösung für v_b unter Verwendung von (A 21), (A 23) und (A 18b):

$$v_b = -v_o \left(\frac{r}{a}\right)^{5/2} Z_{3/(8-m)}(x) \, (1 - \mu^2)^{-1/2} \cdot \varphi \quad . \tag{A 24}$$

Da v_b proportional zu $Z_k(x)$ ist, sind zugleich die Randbedingungen erfüllt.

Man setzt weiter (A 24) in (A 17) ein. Die linke Seite von (A 17) wird mit S(w) abgekürzt. Dabei hat w die Bedeutung:

$$w = \left(\frac{a}{r}\right)^{5/2} (1+3\mu^2)^{1/2} \left(\frac{v_n}{v_0}\right) \quad . \tag{A 25}$$

Nach einiger Rechnung erhält man:

$$S(w) = \frac{1}{2(1-\mu^2)^{1/2}} \left[(8-m) \, x \, \frac{dZ_k(x)}{dx} + \frac{3+5\mu^2}{1-\mu^2} Z_k(x) \right] \quad . \tag{A 26}$$

Um eine Näherungslösung von (A 26) zu finden, geht man wie bei Gleichung (A 22) vor. Um das wesentliche Glied auf der rechten Seite mit $dZ_k(x)/dx$ zu erhalten, macht man den Ansatz $w_1 = f(x) \, g_1(\mu) \, Z_k(x)$ und erhält

$$w_1 = \frac{\ln(x)}{(8-m)(1-\mu^2)^{1/2}} Z_k(x) \quad . \tag{A 27a}$$

Setzt man (A 27a) in (A 26) ein und rechnet aus, so erhält man auf der linken Seite

$$\frac{1}{2(1-\mu^2)^{1/2}} \left[(8-m) \, x \, \frac{dZ_k(x)}{dx} + \frac{4 \ln(x) Z_k(x)}{(8-m)} \right] ,$$

also vor allem das wesentliche Glied mit $dZ_k(x)/dx$ in Gleichung (A 26). Das zweite Glied auf der rechten Seite von (A 26) wird nun aber in höheren Breiten ebenfalls ziemlich groß, auch wenn $Z_k(x)$ in der Nähe der Grenzflächen klein wird. Da dieses Glied die Radialabhängigkeit nur in Form des Faktors $Z_k(x)$ enthält, erhält man mit dem Ansatz

$$w_2 = g_2(\mu) \, Z_k(x) \tag{A 27b}$$

folgende gewöhnliche Differentialgleichung für $g_2(\mu)$

$$\left[(1-\mu^2) \frac{d^2}{d\mu^2} - 2\mu \frac{d}{d\mu} + \left(2 - \frac{1}{1-\mu^2}\right) \right] g_2(\mu) = \frac{3+5\mu^2}{2(1-\mu^2)^{3/2}} \quad . \tag{A 28}$$

Die beiden voneinander unabhängigen Lösungen der homogenen Gleichung sind bekannt. Es sind die zugeordneten Kugelfunktionen 1. Art und 2. Art:

$$P_1^1(\mu) = (1-\mu^2)^{1/2} \quad \text{und} \quad Q_1^1(\mu) = (1-\mu^2)^{1/2} \left(\frac{1}{2} \ln \frac{1+\mu}{1-\mu} + \frac{\mu}{1-\mu^2} \right) \quad . \tag{A 29a,b}$$

Damit lautet die Lösung der inhomogenen Gleichung (A 28) [BRONSTEIN et al. 1959]:

$$g_2(\mu) = \int_0^\mu \frac{3+5u^2}{4(1-u^2)^{3/2}} \left(Q_1^1(\mu) P_1^1(u) - P_1^1(\mu) Q_1^1(u) \right) du \quad . \tag{A 30}$$

Man rechnet aus und erhält:

$$g_2(\mu) = (1-\mu^2)^{1/2} B(\mu) \tag{A 31}$$

$$B(\mu) = -\frac{9}{4} \frac{\mu^2}{1-\mu^2} + \frac{\mu}{1-\mu^2} \ln\left(\frac{1+\mu}{1-\mu}\right) + \frac{1}{4} \left(\ln \frac{1+\mu}{1-\mu}\right)^2 \quad . \tag{A 32}$$

A.2

$g_2(\mu)$ ist Null am Äquator und gewinnt erst in höheren Breiten Einfluß. $g_2(\mu)$ ist außerdem eine gerade Funktion von μ. Damit ist eine genäherte Lösung von (A 26) gleich der Summe von (A 27a) und (A 27b). Für die vollständige Lösung ist noch (A 19) zu berücksichtigen. Man erhält also unter Verwendung von (A 18), (A 19), (A 25), (A 27a), (A 27b), (A 31) und (A 32) bei einiger Rechnung:

$$v_n = v_0 \left(\frac{r}{a}\right)^{5/2} Z_{3/(8-m)}(x) \left(\frac{1-\mu^2}{1+3\mu^2}\right)^{1/2} \left(\varphi_0^2 - \varphi^2 + \frac{\ln(x)}{(8-m)(1-\mu^2)} + B(\mu)\right). \quad (A\,33)$$

Die Lösung für v_b ist (A 24). Die beiden Gleichungen (A 33) und (A 24) sind in Abschnitt 4.24 angegeben als Gleichungen (8) und (9). Aus der Herleitung geht hervor, daß sie eine genäherte Lösung des Gleichungssystems [(A 16), (A 17)] und damit auch des Gleichungssystems [(4), (5)] im Abschnitt 4.23 sind. Zunächst gelten sie nur in der Umgebung der Grenzflächen. Dort ist die Näherung recht gut. Bei Annahme komplizierterer Gesetze für die Plasmadichte könnte möglicherweise Gültigkeit für den ganzen Plasmatrog erreicht werden.

Man sieht, daß v_n und v_b proportional zu $Z_k(x)$ sind und deshalb die Randbedingungen erfüllt werden mit der Forderung, daß $Z_k(x)$ an der Plasmapause und an der Magnetopause verschwinden soll. Ferner ist zu bemerken, daß die Lösung wegen der vorgenommenen Vereinfachungen nur in einem beschränkten Gebiet angewendet werden darf. In azimutaler Richtung erstreckt sich dieses Gebiet zwischen $\pm \varphi_0$, wie es bei Gleichung (A 19) erläutert wurde. Bezüglich der Anwendbarkeit in Richtung zu höheren Breiten hin siehe den Anhang 4 über die Berechnung des Magnetfeldes.

Anhang 3

Berechnung der Dichte im Plasmatrog

In Gleichung (A 15) ist die Größe x definiert. Die Werte von x an der Plasmapause und an der Magnetopause werden weiterhin mit P und M bezeichnet. Dann ist zur Erfüllung der Randbedingungen zu fordern

$$Z_k(P) = 0 \quad \text{und} \quad Z_k(M) = 0 \ . \tag{A 34a,b}$$

Dabei ist $Z_k(x)$ eine Linearkombination der Besselfunktion $J_k(x)$ und der Neumannschen Funktion $N_k(x)$ der Ordnung $k = 3/(8-m)$, wobei m die im Potenzgesetz für die Plasmadichte auftretende Potenz ist. Man kann also schreiben:

$$Z_k(x) = N_k(P) J_k(x) - J_k(P) N_k(x) \ . \tag{A 35}$$

Damit ist die Bedingung (A 34a) erfüllt. Man setzt nun

$$f = \frac{M}{P} = \left(\frac{r_M}{r_P}\right)^{4-m/2} \ . \tag{A 36}$$

Dabei ist die Gleichung (A 15) verwendet. r_P und r_M sind die Radien der Kugelflächen von Plasmapause und Magnetopause. Zur Erfüllung von (A 34b) muß gelten

$$Z_k(fP) = N_k(P) J_k(fP) - J_k(P) N_k(fP) = 0 \ . \tag{A 37}$$

Die Wurzeln dieser Gleichung bestimmen die Eigenwerte des Problems. Da die pc 4-Pulsationen als Grundschwingung gedeutet werden, braucht man nur die erste Wurzel. Sie sei mit $P_{k,f}$ bezeichnet. Nach (A 12) erhält man das Gesetz für die Plasmadichte. Setzt man $\rho = m_H N$ mit m_H = Protonenmasse und N = Zahl der Protonen pro cm^3, so ergibt sich für die Protonenkonzentration im Plasmatrog in der Äquatorebene

$$N = N_o \left(\frac{r}{a}\right)^{-m} \ . \tag{A 38}$$

N_o bestimmt sich mit (A 15) zu

$$N_o = \frac{H_o^2 T^2}{16 \pi^3 a^2 m_H} \left(4 - \frac{m}{2}\right)^2 (P_{k,f})^2 \left(\frac{a}{r_P}\right)^{8-m} \ . \tag{A 39a}$$

Man setzt $H_o = 0,31$ Gauß, $T = 60$ Sekunden, $a = 6,37 \cdot 10^8$ cm, $m_H = 1,67 \cdot 10^{-24}$ gr und erhält

$$N_o = 1,03 \cdot 10^6 \left(4 - \frac{m}{2}\right)^2 (P_{k,f})^2 \left(\frac{a}{r_P}\right)^{8-m} \ [\text{Protonen/cm}^3] \ . \tag{A 39b}$$

Es wurden Modelle mit folgenden Parameterwerten betrachtet (a = Erdradius):

$$m = 0, 2 \text{ und } 4. \quad r_P/a = 4 \text{ und } 5. \quad r_M/a = 9 \text{ und } 10.$$

Damit treten Zylinderfunktionen der Ordnung $k = 3/8, 3/6$ und $3/4$ auf. Der Faktor f bestimmt sich aus Gleichung (A 36). Die Wurzeln der Gleichung (A 37) werden berechnet und N_o mit (A 39b) bestimmt. Die damit aus (A 38) folgenden Dichtegesetze sind im Abschnitt 4.24 in Abbildung 16 dargestellt. Die numerischen Rechnungen wurden auf der IBM 7040 der Aerodynamischen Versuchsanstalt in Göttingen durchgeführt.

A.3

In der folgenden Tabelle sind Werte für die anschauliche Modellgröße $N_7 = N_0 \cdot 7^{-m}$ angegeben. N_7 ist die berechnete Protonenkonzentration in einer Entfernung von 7 Erdradien (N_7 in Protonen pro cm^3).

r_P/a	r_M/a	m = 0	m = 2	m = 4
4	10	1,6	2,1	2,6
5	10	1,8	2,4	3,2
4	9	3,8	4,2	4,3
5	9	4,4	5,1	5,6

Wie man sieht, ergeben sich für die Protonenkonzentration im Plasmatrog durchweg Werte von einigen Protonen pro cm^3.

Anhang 4

Berechnung des Magnetfeldes

Durch Einsetzen von Gleichung (A 5) in (A 3) erhält man die Beziehung zwischen der Geschwindigkeit **v** und dem Magnetfeld **h**:

$$\operatorname{rot}(\mathbf{v} \times \mathbf{F}) = \frac{\partial \mathbf{h}}{\partial t} \quad . \tag{A 40}$$

Das ist die in Abschnitt 4.24 angegebene Gleichung (10).

Für die Dreibeinkomponenten des Magnetfeldes h_t, h_n und h_b erhält man nach Umrechnung auf Kugelkoordinaten:

$$h_t = -\frac{iF}{\omega r}(1-\mu^2)^{-1/2}\frac{\partial v_b}{\partial \varphi} - \frac{iF}{\omega r}\left(\frac{1-\mu^2}{1+3\mu^2}\right)^{1/2}\left(r\frac{\partial}{\partial r} + 2\mu\frac{\partial}{\partial \mu} - \frac{2(1+3\mu^4)}{(1-\mu^2)(1+3\mu^2)}\right)v_n \tag{A 41a}$$

$$h_n = \frac{iF}{\omega r}2\mu(1+3\mu^2)^{-1/2}\left(r\frac{\partial}{\partial r} - \frac{1-\mu^2}{2\mu}\frac{\partial}{\partial \mu} - \frac{3(1-\mu^2)}{(1+3\mu^2)}\right)v_n \tag{A 41b}$$

$$h_b = \frac{iF}{\omega r}\frac{2\mu}{(1+3\mu^2)}\left(r\frac{\partial}{\partial r} - \frac{1-\mu^2}{2\mu}\frac{\partial}{\partial \mu} - \frac{3}{2}\right)v_b \tag{A 41c}$$

Man rechnet auf die Komponenten H, D und Z um mit

$$H = (1+3\mu^2)^{-1/2}\left((1-\mu^2)^{1/2}h_t - 2h_n\right) \tag{A 42a}$$

$$D = -h_b \tag{A 42b}$$

$$Z = (1+3\mu^2)^{-1/2}\left(2h_t + (1-\mu^2)^{1/2}h_n\right) \quad . \tag{A 42c}$$

Damit erhält man für den Zusammenhang von H, D und Z mit v_n und v_b unter Verwendung von $F = H_o(a/r)^3(1+3\mu^2)^{1/2}$:

$$H = -\frac{iH_o}{\omega r}\left(\frac{a}{r}\right)^3\left(\frac{\partial v_b}{\partial \varphi} + (1+3\mu^2)^{1/2}r\frac{\partial v_n}{\partial r} - \frac{2(1+6\mu^2-3\mu^4)}{(1+3\mu^2)^{3/2}}v_n\right) \tag{A 43a}$$

$$D = -\frac{iH_o}{\omega r}\left(\frac{a}{r}\right)^3 2\mu\left(r\frac{\partial}{\partial r} - \frac{1-\mu^2}{2\mu}\frac{\partial}{\partial \mu} - \frac{3}{2}\right)v_b \tag{A 43b}$$

$$Z = -\frac{iH_o}{\omega r}\left(\frac{a}{r}\right)^3\left(\frac{2\mu}{(1-\mu^2)^{1/2}}\frac{\partial v_b}{\partial \varphi} + (1+3\mu^2)^{1/2}(1-\mu^2)^{1/2}\frac{\partial v_n}{\partial \mu} - \frac{2\mu(1-6\mu^2-3\mu^4)v_n}{(1-\mu^2)^{1/2}(1+3\mu^2)^{3/2}}\right) . \tag{A 43c}$$

In diese Gleichungen werden v_n und v_b nach (A 24) und (A 33) eingesetzt. Vor allem ist das Magnetfeld an der Plasmapause von Interesse. Da dort aufgrund der Randbedingungen die Zylinderfunktion $Z_k(x)$ verschwindet, tragen in (A 43a, b, c) nur solche Glieder zum Magnetfeld bei, bei denen nach r differenziert wird, da x eine Funktion von r ist. Da in (A 43c) keine Differentiation nach r erfolgt, ist die Vertikalkomponente des Magnetfeldes $Z = 0$. Man setzt weiter zur Abkürzung:

$$h_o = -\frac{iH_o v_o}{\omega a}\left(\frac{a}{r_P}\right)^{3/2}(4-m/2)\,P\,\frac{dZ_k(P)}{dP} \quad . \tag{A 44}$$

Dabei ist wieder P der Wert von x an der Plasmapause. Für das Magnetfeld an der Plasmapause erhält man:

$$H = h_o(1-\mu^2)^{1/2}\left(\varphi_o^2 - \varphi^2 + \frac{\ln(P)}{(8-m)(1-\mu^2)} + B(\mu)\right) \quad \text{(A 45a)}$$

$$D = -h_o 2\mu(1-\mu^2)^{-1/2} \cdot \varphi \quad \text{(A 45b)}$$

$$Z = 0 \quad . \quad \text{(A 45c)}$$

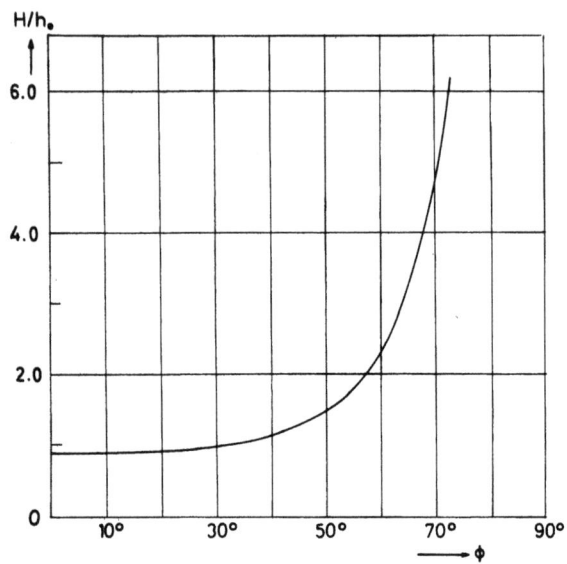

Abb. 18:
H-Komponente des Magnetfeldes an der Plasmapause in Abhängigkeit von der geomagnetischen Breite. Zugrunde liegt das Modell mit r_P = 4a, r_M = 10a, m = 4 und φ_o^2 = 1. h_o ist eine beliebige Konstante.

Dies sind die Gleichungen (11), (12) und (13) in Abschnitt 4.24. Die Funktion $B(\mu)$ findet man bei Gleichung (A 32). Zu hohen Breiten hin werden die Magnetfelder sehr groß. Das liegt an den verschiedenen Vernachlässigungen und Vereinfachungen. Die Gleichungen dürfen deshalb nur bis zu nicht zu hohen Breiten angewendet werden. Die Gleichung (A 45a) kann zur Abschätzung dienen, wie weit die im Anhang 2 entwickelte Lösung zu höheren Breiten hin angewendet werden darf. Dazu wird H berechnet für das Modell mit r_M = 10a, r_P = 4a, m = 4, φ_o^2 = 1, φ = 0. H/h_o ist graphisch in Abbildung 18 dargestellt. Man kann die Breite, wo H/h_o den Wert am Äquator um eine Größenordnung überschreitet, als Grenze für die Anwendbarkeit der Gleichungen ansehen. Aus Abbildung 18 ersieht man, daß die Gleichungen bis etwa 70° angewendet werden können. Physikalisch sinnvoll lassen sich mit dem beschriebenen Modell allerdings nur Beobachtungsergebnisse bis in die Nähe der Polarlichtzone deuten.

Die vorliegende Arbeit wurde am Institut für Geophysik der Universität Göttingen ausgeführt.
Herrn Professor Dr. M. Siebert möchte ich für wertvolle Anregungen und Diskussionen danken.
Für Rat und Hilfe danke ich Herrn Dr. H. Voelker.
Zu Dank verpflichtet bin ich Herrn Dr. V. Laursen vom Weltdatenzentrum WDC - C1 in Charlottenlund / Dänemark, der die Magnetogrammkopien zur Verfügung stellte.

Literaturverzeichnis

ANGENHEISTER, G.: Die Registrierung und Diskussion erdmagnetischer Pulsationen. - Gerl. Beitr. 64, 108-132 (1954)

ANGERAMI, J.J.: A whistler study of the distribution of thermal electrons in the magnetosphere. - Stanford University, California, Radiosc. Lab., Technical Rep. No. 3412-7 (1966)

ANGERAMI, J.J. and D.L. CARPENTER: Whistler studies of the plasmapause in the magnetosphere, II. - J. Geophys. Res. 71, 711-725 (1966)

BARTELS, J.: The geomagnetic measures for the time-variations of solar corpuscular radiation, described for use in correlation studies in other geophysical fields. - IGY Annals, Vol. 4, 227-236 (1957)

BERGER, S.: Giant pulsations in the magnetic field and pulsating aurora. - Planet. Space Sci. 11, 867-868 (1963)

BINSACK, J.H.: Plasmapause observations with the M.I.T. experiment on IMP 2. - J. Geophys. Res. 72, 5231-5237 (1967)

BOLSHAKOVA, O.V. and K.Y. ZYBIN: On the frequency of occurence and amplitude spectrum of the geomagnetic field pulsations. - Ann. Géophys. 17, 345-350 (1961)

BRONSTEIN, I.N. und K.A. SEMENDJAJEW: Taschenbuch der Mathematik, 2. Aufl. - B.G. Teubner, Leipzig (1959)

CAHILL, L.H. and P.G. AMAZEEN: The boundary of the geomagnetic field. - J. Geophys. Res. 68, 1835-1843 (1963)

CAROVILLANO, R.L., H.R. RADOSKI and J.F. McCLAY: Poloidal hydromagnetic plasmaspheric resonances. - The Physics of Fluids 9, 1860-1864 (1966)

CARPENTER, D.L.: Whistler evidence of a "knee" in the magnetospheric ionization density profile. - J. Geophys. Res. 68, 1675-1682 (1963)

CARPENTER, D.L.: Whistler studies of the plasmapause in the magnetosphere, I. - J. Geophys. Res. 71, 693-709 (1966)

DUFFUS, H.J. and J.A. SHAND: Some observations of geomagnetic micropulsations. - Canad. J. Phys. 36, 508-526 (1958)

DUNGEY, J.W.: The propagation of Alfvén waves through the ionosphere. - Penn. State Univ. Ionosph. Res. Lab., Sci. Rep. No. 57 (1954)

DUNGEY, J.W.: Electrodynamics of the outer atmosphere. - Penn. State Univ. Ionosph. Res. Lab., Sci. Rep. No. 69 (1954)

ELLIS, G.R.A.: Geomagnetic micropulsations. - Austral. J. Phys. 13, 625-632 (1960)

FERNANDO, P.C.B. and M.L.T. KANNANGARA: The frequency spectrum of pc 3 and pc 4 micropulsations observed at Colombo, a station near the geomagnetic equator. - Trans. Am. Geophys. Union 47, 65 (1966)

FIELD, E.C. and C. GREIFINGER: Transmission of geomagnetic micropulsations through the ionosphere and lower exosphere. - J. Geophys. Res. 70, 4885-4899 (1965)

FLEISCHER, U.: Charakteristische erdmagnetische Baystörungen in Mitteleuropa und ihr innerer Anteil. - Z. Geophys. 20, 120-136 (1954)

GREIFINGER, C. and P. GREIFINGER: Transmission of micropulsations through the lower ionosphere. - J. Geophys. Res. 70, 2217-2231 (1965)

GRENET, G.: Variomètre électromagnétique pour l'enregistrement des variations rapides du champ magnétique terrestre. - Ann. Géophys. 5, 188-195 (1949)

HARANG, L.: Pulsations in an ionized region at height of 650-800 km during the appearance of giant pulsations in the geomagnetic records. - Terr. Mag. 44, 17-19 (1939)

HEPPNER, J.P.: Recent measurements of the magnetic field in the outer magnetosphere and boundary regions. - Space Sci. Rev. 7, 166-190 (1967)

HEPPNER, J.P., M. SUGIURA, T.L. SKILLMAN, B.G. LEDLEY and M. CAMPBELL:
OGO-A magnetic field observations. - J. Geophys. Res. 72, 5417-5471 (1967)

HIRASAWA, T., T. OGUTI and T. NAGATA:
Dynamic spectrum of geomagnetic pulsations. - Rep. Ionosph. Space Res. Japan 19, 452-469 (1965)

JACOBS, J.A., Y. KATO, S. MATSUSHITA and V.A. TROITSKAYA:
Classification of geomagnetic micropulsations. - J. Geophys. Res. 69, 180-181 (1964)

JAESCHKE, R.:
Registrierung von Pulsationen im südlichen Niedersachsen als Beitrag zur erdmagnetischen Tiefensondierung. - Mitt. Max-Planck-Inst. Aeronomie Nr. 12 (1963)

KATO, Y. and T. TAMAO:
Hydromagnetic waves in the earth's exosphere and geomagnetic pulsations. - J. Phys. Soc. Jap. 17, Suppl. A-II, 39-43 (1962)

KITAMURA, T. and J.A. JACOBS:
Determination of the magnetospheric plasma density by the use of longperiod geomagnetic micropulsations. - J. Geomagn. Geoelectr. 20, 33-44 (1968)

KREMSER, G.:
Ergebnisse erdmagnetischer Tiefensondierung in der Umgebung von Göttingen. - Z. Geophys. 28, 1-10 (1962)

LAZARUS, A.J., G.L. SISCOE and N.F. NESS:
Plasma and magnetic field observations during the magnetosphere passage of Pioneer 7. - J. Geophys. Res. 73, 2399-2409 (1968)

LEHNERT, B.:
Magneto-hydrodynamic waves in the ionosphere and their application to giant pulsations. - Tellus 8, 241-251 (1956)

LIEMOHN, H.B., J.F. KENNEY and H.B. KNAFLICH:
Proton densities in the magnetosphere from pearl dispersion measurements. - Earth Planet. Sci. Lett. 2, 360-366 (1967)

MADELUNG, E.:
Die mathematischen Hilfsmittel des Physikers, 6. Aufl. - Berlin - Göttingen-Heidelberg (1957)

MAPLE, E.:
Geomagnetic oscillations at middle latitudes. - J. Geophys. Res. 64, 1395-1409 (1959)

NAGATA, T., S. KOKUBUN and I. IIJIMA:
Geomagnetically conjugate relationships of giant pulsations at Syowa Base, Antarctica, and Reykjavik, Iceland. - J. Geophys. Res. 68, 4621-4625 (1963)

NISHIDA, A. and L.J. CAHILL Jr.:
Sudden impulses in the magnetosphere observed by Explorer 12. - J. Geophys. Res. 69, 2243-2255 (1964)

RADOSKI, H.R.:
Poloidal axisymmetric resonances a separable case. - J. Geomagn. Geoelectr. 19, 1-5 (1967)

ROMAÑÁ, A., S.J. and J.O. CARDÚS, S.J.:
Geomagnetic rapid variations during IGY and IGC. - J. Phys. Soc. Japan 17, Suppl. A-II, 47-55 (1962)

ROQUET, J.:
Résultats récents sur la manifestation au sol des variations magnétiques rapides, près de l'équateur magnétique. - J. Atmosph. Terr. Phys. 29, 453-458 (1967)

SAITO, T.:
Statistical studies on three types of geomagnetic continuous pulsations, I. - Sci. Rep. Tôhoku Univ. Ser. 5, Geophys. 14, 81-106 (1962)

SAITO, T.:
Mechanisms of geomagnetic continuous pulsations and physical states of the exosphere. - J. Geomagn. Geoelectr. 16, 115-151 (1964)

SCHMUCKER, U.:
Erdmagnetische Tiefensondierung in Deutschland 1957/59: Magnetogramme und erste Auswertung. - Abhandl. Akad. Wiss. Göttingen, Math.-Phys. Kl., Beitr. Intern. Geophys. Jahr, Heft 5 (1959)

SCHOLTE, J.G.J.:
On the theory of giant pulsations. - J. Atmosph. Terr. Phys. 17, 325-336 (1960)

SIEBERT, M.:
Geomagnetic pulsations with latitude-dependent periods and their relation to the structure of the magnetosphere. - Planet. Space Sci. 12, 137-147 (1964)

SIEBERT, M.:
Zur Theorie erdmagnetischer Pulsationen mit breitenabhängigen Perioden. - Mitt. Max-Planck-Inst. Aeronomie Nr. 21 (1965)

SONETT, C.P., D.L. JUDGE, A.R. SIMS and J.M. KELSO:
A radial rocket survey of the distant geomagnetic field. - J. Geophys. Res. 65, 55-68 (1960)

STEVELING, E.: Erdmagnetische Tiefensondierung mit 9 gleichzeitig registrierenden Pulsationsstationen zwischen Göttingen und Goslar. - Z. Geophys. 32, 422-433 (1966)

STOREY, L.R.O.: An investigation of whistling atmospherics. - Phil. Trans. Roy. Soc. London A 246, 113-141 (1953)

STUART, W.F. and M.J. USHER: An investigation of micropulsations at middle latitudes. - Geophys. J. Roy. Astr. Soc. 12, 71-86 (1966)

TAMAO, T.: Geomagnetic pulsations and the earth's exosphere. - Rep. Ionosph. Space Res. Japan 15, 293-313 (1961)

Three-monthly bulletin, herausgeg. von Intern. Union of Geodesy and Geophysics, Intern. Assoc. of Geomagnetism and Aeronomy, Juli-Sept. 1964, Oct.-Dec. 1964

TROITSKAYA, V.A. and A.V. GUL'ELMI: Geomagnetic micropulsations and diagnostics of the magnetosphere. - Space Sci. Rev. 7, 689-768 (1967)

VOELKER, H.: Zur Breitenabhängigkeit erdmagnetischer Pulsationen. - Mitt. Max-Planck-Inst. Aeronomie Nr. 11 (1963)

WATANABE, T.: Hydromagnetic oscillation of the outer ionosphere and geomagnetic pulsation. - J. Geomagn. Geoelectr. 10, 195-202 (1959)

WATANABE, T.: Determination of the electron distribution in the magnetosphere using hydromagnetic whistlers. - J. Geophys. Res. 70, 5839-5848 (1965)

WENTWORTH, R.C.: Recent investigations of hydromagnetic emissions, Part II, Theoretical Interpretation. - J. Geomagn. Geoelectr. 18, 257-273 (1966)

YANAGIHARA, K. and N. SHIMIZU: Equatorial enhancement of micropulsation pi 2. - Memoirs Kakioka Magnetic Observatory 12, 57-63 (1966)

ZÜRN, V.: Statistische Untersuchungen über langperiodische Pulsationen des erdmagnetischen Feldes. - Z. Geophys. 32, 448-454 (1966)

Verzeichnis der Mitteilungen aus dem Max-Planck-Institut für Physik der Stratosphäre

Nr. 1/1953   Über den Beitrag der von μ - Mesonen angestoßenen Elektronen zu den Ultrastrahlungsschauern unter Blei. G. Pfotzer

Nr. 2/1954   Ein Zählrohrkoinzidenzgerät zur Registrierung der kosmischen Ultrastrahlung. A. Ehmert

Eine einfache Methode zur Einstellung und Fixierung des Expansionsverhältnisses von Nebelkammern. G. Pfotzer

Nr. 3/1954   Optische Interferenzen an dünnen, bei $-190^0 C$ kondensierten Eisschichten. Erich Regener (vergriffen)

Nr. 4/1955   Über die Messung der Temperatur des atmosphärischen Ozons mit Hilfe der Huggins-Banden. H. Zschörner und H. K. Paetzold

Nr. 5/1956   Ein neuer Ausbruch solarer Ultrastrahlung am 23. Februar 1956. A. Ehmert und G. Pfotzer, vergriffen (erschienen Z. Naturforschung 11a, 322, 1956)

Nr. 6/1956   Das Abklingen der solaren Ultrastrahlung beim Ausbruch am 23. Februar 1956 und die geomagnetischen Einfallsbedingungen. A. Ehmert und G. Pfotzer

Nr. 7/1956   Die Impulsverteilung der solaren Ultrastrahlung in der Abklingphase des Strahlungseinbruches am 23. Februar 1956. G. Pfotzer

Nr. 8/1956   Die atmosphärischen Störungen und ihre Anwendung zur Untersuchung der unteren Ionosphäre. K. Revellio

Nr. 9/1956   Solare Ultrastrahlung als Sonde für das Magnetfeld der Erde in großer Entfernung. G. Pfotzer

*

Die vorstehenden Hefte können beim Max-Planck-Institut für Aeronomie, 3411 Lindau angefordert werden.

Mitteilungen aus dem Max-Planck-Institut für Aeronomie

Nr. 1 (S) 1959 Waibel: Messungen von Primärteilchen der kosmischen Strahlung.

Nr. 2 (S) 1959 Erbe: Auswirkung der Variationen der primären kosmischen Strahlung auf die Mesonen- und Nukleonenkomponente am Erdboden.

Nr. 3 (I) 1960 Kohl: Bewegung der F-Schicht der Ionosphäre bei erdmagnetischen Bai-Störungen.

Nr. 4 (I) 1960 Becker: Tables of ordinary and extraordinary refractive indices, group refractive indices and $h'_{o,x}(f)$-curves or standard ionospheric layer models.

Nr. 5 (S) 1961 Schröpl: Über eine Neubestimmung des Absorptionskoeffizienten von Ozon im Ultraviolett bei kleinen Konzentrationen.

Nr. 6 (S) 1961 Erbe: Ergebnisse der Ballonaufstiege zur Messung der kosmischen Strahlung in Weissenau und Lindau.

Nr. 7 (S) 1962 Meyer: Elektromagnetische Induktion eines vertikalen magnetischen Dipols über einem leitenden homogenen Halbraum.

Nr. 8 (I u. S) 1962 Dieminger und Mitarb.: Die geophysikalischen Ereignisse des 12. - 14. November 1960.

Nr. 9 (S) 1962 Pfotzer, Ehmert, and Keppler: Time Pattern of Ionizing Radiation in Balloon Altitudes in High Latitudes. Part A, Text; Part B, Figures and Diagrams.

Nr. 10 (S) 1963 Waibel: Eine Ballonsonde zur Messung von Röntgenstrahlung und solarer Ultrastrahlung.

Nr. 11 (S) 1963 Voelker: Zur Breitenabhängigkeit erdmagnetischer Pulsationen.

Nr. 12 (S) 1963 Jaeschke: Registrierung von Pulsationen im südlichen Niedersachsen als Beitrag zur erdmagnetischen Tiefensondierung.

Nr. 13 (S) 1963 Meyer: Elektromagnetische Induktion in einem leitenden homogenen Zylinder durch äußere magnetische und elektrische Wechselfelder.

Nr. 14 (S) 1964 Kremser: Über den Zusammenhang zwischen Röntgenstrahlungs-Ausbrüchen in der Polarlichtzone und bayartigen erdmagnetischen Störungen.

Nr. 15 (S) 1964 Keppler: Messung von Röntgenstrahlung und solaren Protonen mit Ballongeräten in der Nordlichtzone.

Nr. 16 (S) 1964 Kirsch: Die Anisotropien der kosmischen Strahlung.

Nr. 17 (S) 1964 Guilino: Ausbau eines Wechsellichtmonochromators und seine Anwendung zur Messung des Luftleuchtens während der Dämmerung und in der Nacht.

Nr. 18 (S) 1965 Pfotzer and Ehmert: Measurements of High Energetic Auroral Radiations with Balloon-Borne Detectors in 1962 and 1963 Part A to C, Text; Part D, Figures and Diagrams.

Nr. 19 (I) 1965 Hartmann: Bestimmung wichtiger Satellitenpositionen mit Hilfe graphischer Darstellungen.

Nr. 20 (S) 1965 Keppler: Über die Eigenschaften von Zählrohren und Ionisationskammern in verschiedenartigen Strahlungsfeldern. - Zur Interpretation von Röntgenstrahlungsmessungen in Ballonhöhe in der Nordlichtzone.

Nr. 21 (S) 1965 Siebert: Zur Theorie erdmagnetischer Pulsationen mit breitenabhängigen Perioden.

Nr. 22 (S) 1965 Meyer: Zur 27 täglichen Wiederholungsneigung der erdmagnetischen Aktivität, erschlossen aus den täglichen Charakterzahlen C 8 von 1884-1964.

Nr. 23 (S) 1965 Frisius: Über die Bestimmung von Längstwellen - Ausbreitungsparametern aus Feldstärkemessungen am Erdboden.

Nr. 24 (I) 1965 Ma: Einfluß der erdmagnetischen Unruhe auf den brauchbaren Frequenzbereich im Kurzwellen-Weitverkehr am Rande der Nordlichtzone.

Nr. 25 (S) 1965 Kremser, Keppler, Bewersdorff, Saeger, Ehmert, Pfotzer, Riedler, Legrand: X - Ray Measurements in the Auroral Zone from July to October 1964.

Nr. 26 (I) 1966 Stubbe: Theoretische Beschreibung des Verhaltens der nächtlichen F - Schicht.

Nr. 27 (S) 1966 Wilhelm: Registrierung und Analyse erdmagnetischer Pulsationen der Polarlichtzone, sowie ein Vergleich mit Bremsstrahlungsmessungen.

Nr. 28 (S) 1967 Fabian: Über eine neue Ozonradiosonde und Untersuchung von Lufttransporten in der unteren Stratosphäre.

Nr. 29 (S) 1967 Specht: Über die Absorptions- und Emissionsstrahlung der atmosphärischen Ozonschicht bei der Wellenlänge $9{,}6\,\mu$.

Nr. 30 (I) 1967 Rose und Widdel: Ein Meßgerät zur Bestimmung der Strömungsgeschwindigkeit in kurzen Rohren (Ionenzählern) bei niedrigem Gasdruck.

Nr. 31 (I) 1967 Hartmann: Die Amplitudenregistrierungen des Satelliten Explorer 22, unter besonderer Berücksichtigung der Effekte, die bei Elevationswinkeln kleiner als 45° auftreten.

Nr. 32 (I) 1967 Rüster: Lösung von Bewegungsgleichungen und Kontinuitätsgleichung der F - Schicht mit speziellen Anwendungen auf erdmagnetische Baistörungen.

Nr. 33 (S) 1968 Müller: Zur Modulation der kosmischen Strahlung.

Nr. 34 (S) 1968 Münch: Statistische Frequenzanalyse von erdmagnetischen Pulsationen.

Nr. 35 **(S)** 1968 Schreiber: Das Magnetfeld des Ringstroms während der Hauptphase erdmagnetischer Stürme und ein Vergleich mit dem beobachteten D_{st}-Anteil des Störfeldes.

Nr. 36 **(I)** 1968 Elling: Spezielle Näherungsformeln der Appleton-Hartree-Gleichungen zur Interpretation der Absorption einer Mittelwellenausbreitung im nächtlichen E-Gebiet der Ionosphäre.

Nr. 37 **(I)** 1968 Jones: Application of the Geometrical Theory of Diffraction to Terrestrial LF Radio Wave Propagation.

MIX
Papier aus verantwortungsvollen Quellen
Paper from responsible sources
FSC® C105338

If you have any concerns about our products,
you can contact us on
ProductSafety@springernature.com

In case Publisher is established outside the EU,
the EU authorized representative is:
Springer Nature Customer Service Center GmbH
Europaplatz 3, 69115 Heidelberg, Germany

Printed by Libri Plureos GmbH
in Hamburg, Germany